航海类高等职业教育项目化教材

制图基础与机械制图

胡晓燕　主编
陈　翔　主审

上海浦江教育出版社

内 容 提 要

本书选定齿轮泵作为项目总载体,根据总载体对知识的需求,将课程内容分为基本项目和主项目。基本项目为"基本体的表达"和"组合体的表达",完成制图基础所涉及的基本理论知识;主项目为"机件的表达""标准件和常用件的表达""零件图的绘制"和"装配图的识读",完成各种零件图与装配图的识读和绘制。

本书主要供轮机工程技术专业学生学习专业基础知识之用,也可供高职高专近机械类、非机械类专业学生使用。

图书在版编目(CIP)数据

制图基础与机械制图/胡晓燕主编. —上海:上海浦江教育出版社有限公司,2014.8
(航海类高等职业教育项目化教材)
ISBN 978 - 7 - 81121 - 367 - 6

Ⅰ.①制… Ⅱ.①胡… Ⅲ.①机械制图—高等职业教育—教材
Ⅳ.①TH126

中国版本图书馆 CIP 数据核字(2014)第 197654 号

上海浦江教育出版社出版

社址:上海市海港大道 1550 号上海海事大学校内　邮政编码:201306
电话:(021)38284910(12)(发行)　38284923(总编室)　38284910(传真)
E-mail:cbs@shmtu.edu.cn　URL:http://www.pujiangpress.cn
上海市印刷十厂有限公司印装　上海浦江教育出版社发行
幅面尺寸:185 mm×260 mm　印张:11　字数:268 千字
2014 年 8 月第 1 版　　2014 年 8 月第 1 次印刷
责任编辑:谢　尘　　封面设计:赵宏义
定价:35.00 元

总　　序

当前,我国高等职业教育已进入了快速发展时期,职业教育的教学模式也悄然发生着改变,传统学科体系的教学模式正逐步转变为行动体系的教学模式。项目化教学是"行动导向"教学法的一种,因其具有实践性、自主性、发展性、综合性、开放性等多个优点而被高等职业院校广泛采用。但由于受传统学科体系的教学模式和海事局船员适任考试评估大纲的影响,航海类高等职业教育的教材目前大多仍按知识体系架构编写,内容偏重于理论知识,而轻视实践技能的训练,与职业能力培养要求存在较大的差距。国内部分院校虽然也进行过项目化教学改革的尝试,但编写的配套教材大多采用模块(知识体系)+实训(海事局评估项目)架构,教学方法上采用"理论与实践交替互动"的模式,没有真正实现以项目为载体的理实一体化教学。

为了培养高素质航海技术技能人才,使教学模式遵循职业教育教学规律和高职学生的认知规律,我们组织编撰了《航海类高等职业教育项目化教材》(丛书)。为了高质量地完成教材的编撰工作,编委会组织了一批企业专家、知名学者和专职教师,在以华东师范大学博士徐国庆教授为核心的"职业教育项目化教改团队"的指导下,大力推进航海类专业以工作任务为导向的课程体系改革。本次课程体系改革,完全打破以往的基于知识体系的课程体系模式,而是以海船船员典型工作任务为导向,从船员岗位的工作领域和职业能力分析入手,形成了一套集知识目标和技能目标于一体、融理论学习和技能训练于一身的全新航海类项目化专业主干课程教材。

教材是课程教与学的载体,也是课程教与学模式的具体体现。在重新优化和构建以工作任务为导向的课程体系的基础上,编委会配套制定了各课程教学标准,分组开展了项目化课程设计,并以此指导项目化系列教材的编撰。

本套教材紧扣船员工作岗位的实际工作项目,通过"项目描述""项目目标""任务描述""任务实施""任务评价"等栏目逐层递进,在项目实施中完成对学生知识的积累和能力的培养。这种"做中学、学中做"教学方法,既符合高等职业教育的需求,也符合高等职业院校学生的认知规律。

航海类专业职业教育"课证融通"的特点,要求毕业生参加海事局组织的船员适任证书考试和评估,并取得相应船员适任证书。所以,本套教材在编撰过程中,还特别强调紧扣国际海事组织 STCW 公约 2010 年马尼拉修正案的新内容、新要求,在知识内容和实训项目设置上,完全涵盖中国海事局全国海船船员适任考试和适任评估两个大纲的要求,实现了理论和实践的有机融合。此外,本套教材还根据航海技术的最新发展动态,增加或修订了一些新技术或新设备内容,由此满足船员适任考试和评估的双重需要,还可作为船舶技术人员的参考用书。

本套教材的编撰,是我国航海教育项目化课程改革的有益探索和创新,由于我们的水平有限,书中或仍有某些不足,敬请专家、同行和其他读者不吝指教,以便我们适时改进,为推进我国航海高等职业院校项目化课程改革添砖加瓦。

《航海类高等职业教育项目化教材》编写委员会

2014 年 7 月

《航海类高等职业教育项目化教材》编写委员会

前　言

本书是根据 STCW 78/95 公约（马尼拉修正案）对海船海员适任标准的有关规定及中华人民共和国海事局于 2011 年颁布的《中华人民共和国海船船员适任考试大纲》中"船舶辅机"两大功能块考纲所涉及的专业基础知识要求编写的。

为循序渐进地培养学生的读图能力和测绘能力，传统的教学以教师讲授为主、学生训练为辅，先理论后实践，但教学效果却不够理想。为突出职业教育的培养目标，使学生通过课程的学习掌握初步的职业理论与实操技能，课程的项目化改革势在必行。

本书选定齿轮泵为目标载体，围绕齿轮泵拆装、测绘，将教学过程分为"基本体的表达""组合体的表达""机件的表达""标准件和常用件的表达""零件图的绘制"和"装配图的识读"六大项目编写。学生要顺利完成各项目，必须掌握制图基本知识与技能，掌握机械图样的基本表示法，最终完成齿轮泵各组成零件的草图绘制、齿轮泵装配图的绘制和识读。

本书由江苏海事职业技术学院胡晓燕主编，中国船级社南京分社陈翔副处长主审。参加具体编写工作的有：叶亚兰编写项目一和项目二；胡晓燕编写项目三至项目五；安翔编写项目六。

由于编者水平有限，书中不妥之处在所难免，欢迎选用本书的师生和读者提出宝贵意见，谢谢！

编　者

2014 年 6 月

目　　录

项目一　基本体的表达

项目描述

通常所说的基本体,包括棱柱、棱锥、圆柱、圆锥和球等。前两种基本体表面都是平面,称为平面立体;其余三种基本体表面是回转面或是由回转面与平面组成的,称为回转体。任何物体都可以看成由若干基本体组合而成。研究复杂形体的投影必须首先掌握基本体的投影特性及作图方法。

任务1　制图国家标准的认识

【任务描述】

如图1-1-1所示为一张完整的零件图纸,所绘图样应具有通识性。所谓通识就是按照事先规定的要求去绘图,让别人也能读懂自己画的图,这就需要对图样上出现的格式、图线、尺寸、字体等都有一个统一的规定,这就需要了解国家标准的若干规定。

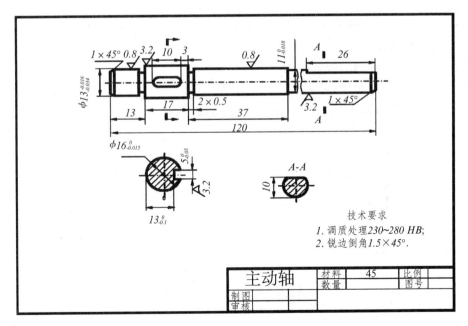

图1-1-1　主动轴

另外,主动轴是一个立体的实物,要将其用二维的平面图形表达,这就需要掌握一定的投影方法去绘制它。

【学习目标】

(1) 能遵守机械制图国家标准的基本规定；

(2) 能根据国家标准要求对常见尺寸进行合理标注；

(3) 能熟练使用绘图工具。

【相关知识】

机械图样是设计、制造、使用和维修机械设备的重要技术文件,是工程界的"技术语言"。机械制图国家标准对机械图样的画法、图线、尺寸标注和字体的书写都作了统一规定。每个从事工程技术的人都必须建立标准意识并遵守国家标准。国家标准简称国标,其代号为"GB"。

一、图纸幅面和格式

(一)图纸幅面

国标规定的基本幅面有五种,代号为 A0,A1,A2,A3,A4,其基本尺寸见表 1-1-1。必要时,也允许选用加长幅面,其加长后的幅面尺寸可根据基本幅面的短边成整数倍增加后得出。

表 1-1-1 图纸幅面尺寸　　　　　　　　　　　　　　　　　　mm

幅面代号	$B \times L$	e	c	a
A0	841×1 189	20	10	25
A1	594×841	20	10	25
A2	420×594	20	10	25
A3	297×420	10	5	25
A4	210×297	10	5	25

(二)图框格式

图纸上限定绘图区域的线框称为图框。

尺寸图框用粗实线画出,其格式分为留装订边和不留装订边两种,按看图方向不同又可分为横装和竖装,见图 1-1-2。图框的尺寸见表 1-1-1。

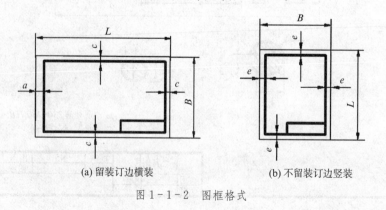

(a) 留装订边横装　　　　　　　(b) 不留装订边竖装

图 1-1-2 图框格式

(三)标题栏

每张图纸上都应画出标题栏,标题栏位于图纸的右下角。国标规定的标题栏格式见图 1-1-3,外框用粗实线,内框用细实线。

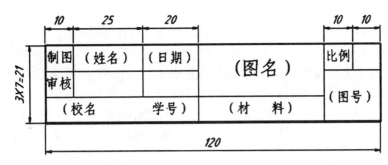

图 1-1-3　零件图标题栏

二、比例

比例是指图样中图形与其实物相应要素的线性尺寸之比。绘图时,应从表 1-1-2 中选取。

表 1-1-2　常用的比例

种类	比例
原值比例	1:1
放大比例	2:1　2.5:1　4:1　5:1　10:1
缩小比例	1:1.5　1:2　1:2.5　1:3　1:4　1:5

绘图时应优先采用原值比例。若机件太大或太小,可采用缩小或放大比例绘制。必须注意的是,无论采用何种比例绘制,标注尺寸时,均按机件的实际尺寸大小注出。

三、图线

绘图时应采用国标规定的图线形式和画法。国标规定的机械制图中常用的图线有 9种,表 1-1-3 中列出 6 种。

表 1-1-3　常用图线

图线名称	图线形式	宽度/mm	应用及说明
粗实线	——————	$d=0.25\sim2$	可见轮廓线
细实线	————————		尺寸线、尺寸界线、剖面线
虚线	- - - - - -		不可见轮廓线
波浪线	～～～	约 $d/2$	断裂处的边界线
点画线	— · — · —		中心线、对称轴线
双点画线	— ·· — ·· —		假想投影轮廓线

图线的宽度分为粗、细 2 种。粗线的宽度 d 应按图样的大小和复杂程度在 0.25～2 mm 之间选取,优先选用 0.7 mm,细线的宽度约为 $d/2$。

图线在应用中还有以下几条规定:

(1)图样中的同类图线宽度及深浅应基本一致。虚线、点画线及双点画线的线段长度和间隔应各自大致相等,在图样中应显得匀称协调。

(2) 实线、虚线、点画线、双点画线互相相交时,应在画线处相交。

(3) 点画线和双点画线中的点是短画(约 1 mm),不是圆点;2 种线型的首末两端应是线段而不是短画。绘制圆的中心线时,圆心应是点画线线段的交点,而且两端应超出圆弧2～5 mm。在较小图形上绘制点画线或双点画线有困难时,可用细实线代替。

(4) 虚线若为粗实线或其他图线的延长线时,粗实线画到分界处,虚线应留有间隙。

(5) 当粗实线与细虚线重叠时,应画粗实线;细虚线与细点画线重叠时,应画细虚线。图线的应用见图 1 - 1 - 4。

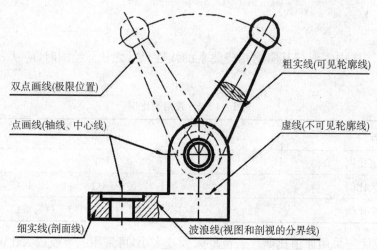

双点画线(极限位置)

点画线(轴线、中心线)

粗实线(可见轮廓线)

虚线(不可见轮廓线)

细实线(剖面线)

波浪线(视图和剖视的分界线)

图 1 - 1 - 4 图线应用实例

四、字体

在图样中除了表示物体形状的图形外,还必须用文字、数字和字母表示物体的大小及技术要求等内容,图样中书写字体必须做到:字体工整、笔画清楚、间隔均匀、排列整齐。

汉字应写成长仿宋体,并采用国家正式发布的简化字。汉字的高度应不小于3.5 mm,其字宽一般为字高 h 的 $1/\sqrt{2}$。

数字和字母可写成直体或斜体(常用斜体),斜体字字头向右倾斜,与水平基准线约成75°。

(一) 汉字示例

10号汉字

字体工整笔画清楚间隔均匀排列整齐

7号汉字

横平竖直注意起落结构均匀填满方格

5号汉字

技术制图机械电子汽车航空船舶土木建筑矿山井坑港口纺织服装

（二）字母和数字示例

五、尺寸标注方法

图样上的图形只表示物体的形状,物体的大小及各部分的相对位置需要用标注尺寸来确定。

（一）基本规则

（1）机件的真实大小,应以图样上所注尺寸数值为依据,与图形的大小及绘图的准确度无关。

（2）图样中(包括技术要求和其他说明)的尺寸,当以毫米为单位时,不需标注单位符号(或名称),如采用其他单位,则应注明相应的单位符号,如 50 cm,30°。

（3）图样中所标注的尺寸,为该图样所示机件的最后完工尺寸,否则应另加说明。

（4）机件的每一尺寸,一般只标注一次,并应标注在反映该结构最清晰的图形上。

（二）尺寸的组成

一个完整的尺寸,一般由尺寸界线、尺寸线、尺寸线终端和尺寸数字组成,见图1-1-5。

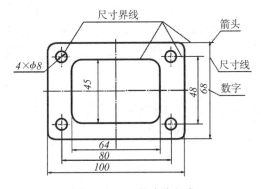

图1-1-5　尺寸的组成

1. 尺寸界线

尺寸界线用细实线绘制,并应由图形的轮廓线、轴线或对称中心线处引出,也可以利用轮廓线、轴线或对称中心线作尺寸界线,见图1-1-6(a)。

尺寸界线一般应与尺寸线垂直,必要时才允许倾斜,见图1-1-6(b)。

在光滑过渡处标注尺寸时,应用细实线将轮廓线延长,从它们的交点处引出尺寸界线,见图1-1-6(b)。

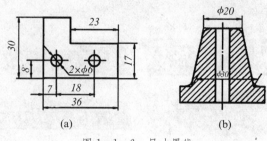

(a)　　　　　(b)

图 1-1-6　尺寸界线

2. 尺寸线

尺寸线必须用细实线单独画出,不能用其他任何图线代替,也不能与其他图线重合或画在其延长线上;标注线性尺寸时,尺寸线应与所标注的线段平行。

3. 尺寸线终端

尺寸线的终端形式有箭头、斜线、黑点三种形式,见图 1-1-7。机械图样中一般采用箭头作为尺寸线的终端。

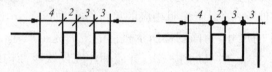

图 1-1-7　尺寸线终端

4. 尺寸数字

线性尺寸的数字一般应注写在尺寸线的上方或中断处;水平方向的数字字头朝上,垂直方向的数字字头朝左,倾斜方向的数字字头尽量朝上;线性尺寸的数字应按图 1-1-8 所示的方向注写,为避免产生误解,应尽量避免在 12 点钟方向前 30°范围内直接将数字写在尺寸线上,可使用指引线;数字不能被任何图线所通过,否则应将该图线断开。

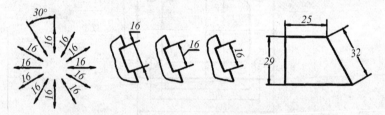

图 1-1-8　尺寸数字

（三）常用尺寸的注法

（1）角度(弧度):尺寸界线应沿径向引出,尺寸线画成圆弧,尺寸数字要水平书写,见图 1-1-9(a)。(2π 弧度＝360°)

（2）弧长、弦长:弧长和弦长的尺寸界线应平行其平分线的平行线;另外,弧长应在尺寸数字左方加注符号"⌒",见图 1-1-9(b)。

（3）直径:ϕ＋数字,用于整圆或大于半圆的场合,尽量注在非圆的图形上,见图 1-1-9(c)。

（4）半径:R＋数字,用于半圆或小于半圆的场合,尽量注在圆的图形上,见图 1-1-9(d)。

（5）球:前面加 S,如 $S\phi$ 和 SR,见图 1-1-9(e)。

（6）半剖视图的直径：尺寸线不完整，见图 1-1-9(f)。

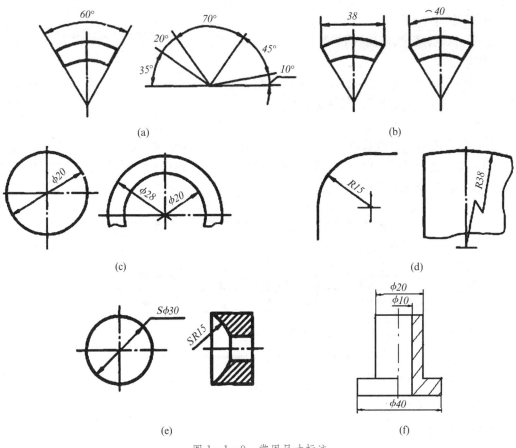

(a)

(b)

(c)

(d)

(e)

(f)

图 1-1-9　常用尺寸标注

【任务实施】

模块　尺寸的正确标注

〖任务要求〗

给图 1-1-10 所示平面图形进行尺寸标注（尺寸数值按 1∶1 在图中量取整数）。

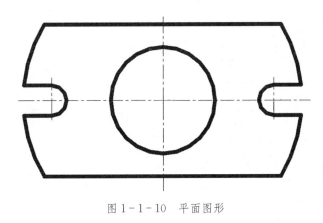

图 1-1-10　平面图形

平面图形绘制完成之后，要遵循正确、完整、清晰的原则来标注尺寸。标注尺寸要符合国标的规定。尺寸不出现重复和遗留；尺寸要安排有序，布局整齐，注写清楚。

〖任务准备〗

图纸、铅笔、直尺、橡皮、圆规等。

〖任务操作〗

首先对图形进行必要的分析，方能不遗漏也不多余地标出确定各封闭图形或线段的相对位置大小的尺寸，具体步骤如下：

（1）确定尺寸基准，在水平方向和铅垂方向各选一条直线作为尺寸基准。

（2）确定图形中各线段的性质，确定出已知段、中间线段和连接线段。

（3）按确定的已知线段、中间线段和连接线段的顺序逐个标注各线段的定形和定位尺寸。尺寸标注完成见图1-1-11。

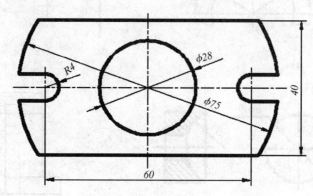

图1-1-11　尺寸的正确标注

【任务评价】

尺寸标注应该做到完整、正确、清晰、简单。

【任务拓展】

实际机械零件表面都需要圆角过渡，以减少应力集中，所以工程图样中的很多图形都是由直线与圆弧、圆弧与圆弧光滑连接而成的，如图1-1-12所示的图样中多处用到了圆弧连接。用已知半径的圆弧光滑地连接两条已知线段（直线或圆弧）的作图方法称为圆弧连接。要保证圆弧连接光滑，作图时必须先求作连接圆弧的圆心以及连接圆弧与已知线段的切点，以保证连接圆弧与线段在连接处相切。圆弧连接的作图方法如下。

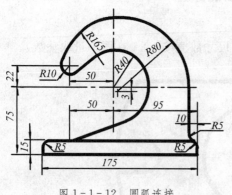

图1-1-12　圆弧连接

（1）连接相交两直线（连接圆弧半径为R），见图1-1-13。

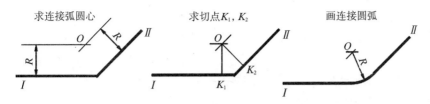

图 1-1-13 圆弧连接两直线

（2）连接一直线和一圆弧（连接圆弧半径为 R），见图 1-1-14。

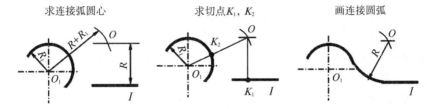

图 1-1-14 圆弧连接直线和圆弧

（3）外接两圆弧（连接圆弧半径为 R），见图 1-1-15。

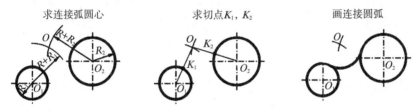

图 1-1-15 圆弧外接两圆弧

（4）内接两圆弧（连接圆弧半径为 R），见图 1-1-16。

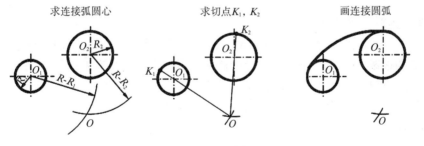

图 1-1-16 圆弧内接两圆弧

（5）内、外接两圆弧（连接圆弧半径为 R），见图 1-1-17。

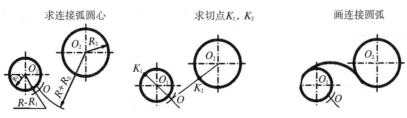

图 1-1-17 圆弧内外连接两圆弧

【课后练习】

1. 国家标准规定的图纸基本幅面中，_____最大，_____最小。
   A. A5/A1　　　　　B. A4/A0　　　　　C. A1/A5　　　　　D. A0/A4

2. 图样的比例是指_____。
   A. 图中物体的线性尺寸与实际物体相应的线性尺寸之比
   B. 实际物体的线性尺寸与图中物体相应的线性尺寸之比
   C. 图中物体的尺寸与实际物体的尺寸之比
   D. 实际物体的尺寸与图中物体的尺寸之比

3. 细点画线不可用于绘制_____。
   A. 轴线　　　　　　　　　　　　　　B. 对称中心线
   C. 移出断面的中心线　　　　　　　　D. 假想投影轮廓线

4. 尺寸要素是指_____。
   Ⅰ.尺寸界线；Ⅱ.尺寸线；Ⅲ.数字；Ⅳ.箭头或斜线
   A. Ⅰ＋Ⅱ　　　　　　　　　　　　　B. Ⅰ＋Ⅲ＋Ⅳ
   C. Ⅰ＋Ⅱ＋Ⅳ　　　　　　　　　　　D. Ⅰ＋Ⅱ＋Ⅲ＋Ⅳ

5. 线性尺寸的数字一般注写在尺寸线的上方或中断处，水平方向的数字字头应_____，垂直方向的数字字头应_____，各种倾斜方向的数字字头应_____。
   A. 向上/向下/向左　　　　　　　　　B. 向上/向上/向下
   C. 向左/偏上/向左　　　　　　　　　D. 向上/向左/偏上

6. 在视图上标注圆或大于半圆的圆弧尺寸时，应在尺寸数字前加注符号_____。
   A. ϕ　　　　　　　B. R　　　　　　　C. $S\phi$　　　　　　　D. SR

任务2　投影法的应用

【任务描述】

图 1-1-1 所示的主动轴是一个立体的实物，要将其用二维的平面图形表达，这就需要掌握一定的投影方法去绘制它。在投影法中，正投影图能准确表达物体的形状，度量性好，作图方便，所以在工程上得到广泛应用。机械图样主要是用正投影法绘制的。因此，正投影法的基本原理是识读和绘制机械图样的理论基础，也是本课程的核心。

【学习目标】

（1）能区分投影法的种类及投影特征；
（2）能用正投影法绘图。

【相关知识】

物体在光线照射下，在地面或墙面上会产生影子，对这种自然现象加以抽象研究，总结其中规律，创造了投影法。

一、投影法的分类

（一）中心投影法

物体在光源的照射下，会在平面产生影像，此图像为物体在平面上的投影。如图 1-2-1 所示，当所有投射线都通过一个投射中心时，这种在投影面上获得物体投影的方法称为中心投影法。此方法通常用来绘制建筑物的透视图。

（二）平行投影法

投射线互相平行的投影方法称为平行投影法。当一组平行的投射线倾斜于投影面时,称为斜投影法,见图1-2-2(a);当一组平行的投射线垂直于投影面时,就是正投影法,见图1-2-2(b)。用正投影法得到的投影称为"正投影"。本书中未加说明的"投影"都是指"正投影"。

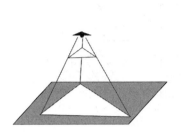

图1-2-1　中心投影法

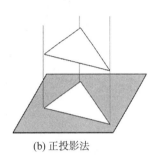

(a) 斜投影法　　　　(b) 正投影法

图1-2-2　平行投影法

二、正投影法的基本特性

（一）真实性

真实性是指当物体表面上的线段、平面与投影面平行时,其投影反映实形,见图1-2-3(a)。

（二）积聚性

积聚性是指当物体表面的线段与投影面垂直时,其投影积聚为一点;当物体表面的平面与投影面垂直时,其投影积聚为一直线段,见图1-2-3(b)。

（三）类似性

类似性是指当物体表面上的线段、平面与投影面倾斜时,平面的投影呈缩小的类似形,直线段的投影比实际长度短,见图1-2-3(c)。

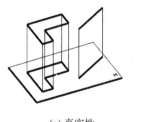

(a) 真实性

(b) 积聚性

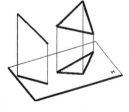

(c) 类似性

图1-2-3　正投影法的基本特性

【任务实施】

模块　补齐不完整视图中所缺线条

〖任务要求〗

参照立体图和已知视图,补齐图中所缺图线,见图1-2-4。

〖任务准备〗

图纸、铅笔、直尺、橡皮、圆规等。

〖任务操作〗

由立体图可知,该形体的 1 和 3 面为水平面,根据正投影的规律,在正面上的投影积聚为直线。2 和 4 面为正平面,根据正投影的规律,在正面上的投影为反映实形的线框。5 面为正垂面,根据正投影的规律,在正面上的投影积聚为斜线,在侧面和水平面上为类似形。作图完成见图 1-2-5。

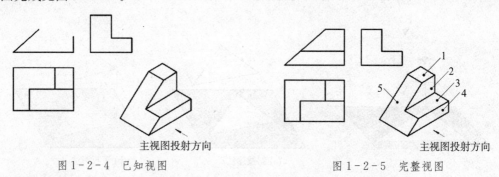

主视图投射方向　　　　　　　　　　　　　　　　主视图投射方向

图 1-2-4　已知视图　　　　　　　　　　　图 1-2-5　完整视图

【任务评价】

工程制图中所采用的正投影法具有真实性、积聚性和类似性等性质。

【任务拓展】

生产中常用正投影图来表达物体的形状和大小,但它缺乏立体感,不易读懂,因此常用立体感较强的轴测图来表达物体的形状。此处主要介绍轴测图的形成以及常用的正等轴测图和斜二轴测图的画法。

一、轴测图的基本概念

将物体连同其参考直角坐标系沿不平行于任一坐标面的方向,用平行投影法将其投射在单一投影面上所得到的图形称为轴测图。

图 1-2-6 中的平面 P 为轴测投影面;平面 P 上的图形为轴测投影,即轴测图。

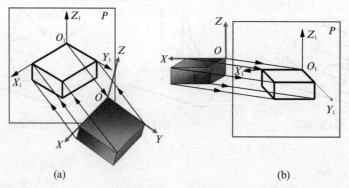

(a)　　　　　　　　　　　　　　　　　　　　(b)

图 1-2-6　轴测图的形成

图中确定立体位置的空间直角坐标轴 OX,OY,OZ 的投影 O_1X_1,O_1Y_1,O_1Z_1,称为轴测轴,轴测轴之间的夹角称为轴间角。

轴测轴 O_1X_1,O_1Y_1 和 O_1Z_1 上的单位长度与相应直角坐标轴 OX,OY 和 OZ 上的单位长度之比分别为 X,Y 和 Z 轴的轴向伸缩系数,分别用 p,q,r 表示。

轴测图有正轴测图和斜轴测图之分:按投射方向与轴测投影面垂直的方法画出来的

是正轴测图,见图1-2-6(a);按投射方向与轴测投影面倾斜的方法画出来的是斜轴测图,见图1-2-6(b)。

二、正等轴测图

当立体的3根坐标轴与轴测投影面倾斜成相同角度时,用正投影法将立体投射所得到投影称为正等轴测图,见图1-2-6(a)。

因为3根坐标轴与轴测投影面倾斜成相同角度,所以正等轴测图的3个轴间角相等,都是120°。画正等轴测图时,为了计算简便,一般将轴向伸缩系数简化为1,也就是说,凡立体上平行于坐标轴的直线,在轴测图上用实际尺寸画出。为使图形稳定,一般取Z_1为竖直方位;为使图形清晰,轴测图通常不画虚线。正等轴测图的轴间角和轴向伸缩系数见图1-2-7。

三、斜二轴测图

斜二轴测图的轴间角和轴向伸缩系数见图1-2-8。按此轴间角和轴向伸缩系数画出的轴测图称为斜二轴测图,见图1-2-6(b)。斜二轴测图的优点在于,物体上平行于坐标面XOZ的直线、曲线和平面图形在正面斜轴测图中反映实长和实形,这一点在适当的情况下对于画物体的轴测投影是很方便的。

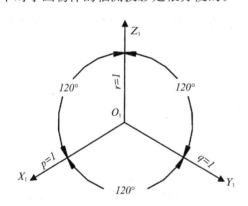

图1-2-7 正等轴测图的
轴间角和轴向伸缩系数

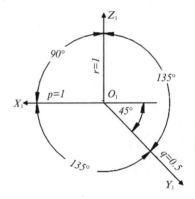

图1-2-8 斜二轴测图的
轴间角和轴向伸缩系数

【课后练习】

1. 如图所示的投影为_____投影。

  A. 正   B. 斜   C. 中心   D. 点

2. 在机械制图中,广泛采用的_____投影法属于_____投影法。

  A. 正/平行   B. 斜/中心   C. 正/中心   D. 斜/平行

3. 当直线段与投影面_____时,其在投影面上的投影反映真实长度,这种投影的基本性质叫_____。

A. 平行/积聚性　　B. 垂直/积聚性　　C. 平行/真实性　　D. 垂直/真实性

4. 当平面与投影面_____时,其在投影面上的投影面积较实形面积要小,这种投影的基本性质叫_____。

A. 平行/收缩性　　B. 倾斜/收缩性　　C. 平行/真实性　　D. 倾斜/真实性

5. 当平面与投影面_____时,其在投影面上的投影积聚成一条直线,这种投影的基本性质叫_____。

A. 垂直/收缩性　　B. 倾斜/收缩性　　C. 垂直/积聚性　　D. 倾斜/积聚性

6. 不属于正投影基本性质的是_____。

A. 真实性　　　　　B. 扩大性　　　　　C. 收缩性　　　　　D. 积聚性

任务3　三视图的形成

【任务描述】

物体在一个投影面上所得到的正投影不能唯一地确定其空间形状,因此,有必要建立一个多投影面体系。工程上常用三投影面体系来表达简单物体的形状。将立体置于三投影面体系中,按正投影的方法向各投影面投射,即可分别得到立体的三个投影图,也称为三视图。任何物体的表面都包含点、线和面等几何元素。因此,要正确而迅速地表达物体,必须掌握这些几何元素的投影特性和作图方法。

【学习目标】

(1) 能熟悉三视图的形成过程;

(2) 能依据三视图的投影规律读简单形体;

(3) 能根据点、线、面的三面投影特性绘图。

【相关知识】

一、三视图

将立体置于三投影面体系中,并使立体的主要平面平行或垂直于投影面。观察者按正投影法分别从立体的前方、左方、上方正对着相应的投影面观察立体,画出立体的三个投影图。

在投影过程中,立体在三投影面体系中的位置不变,见图 $1-3-1$(a)。其中 V 面为正立面,所得投影为正面投影;H 面为水平面,所得投影为水平投影;W 面为侧立面,所得投影为侧面投影。

投影面展开后见图 $1-3-1$(b)。由于立体的正投影与投影面的大小无关,与立体与投影面的距离位置无关,去掉图中的边框和投影轴 X,Y,Z,得到立体的三视图。正面投影称为主视图,水平投影称为俯视图,侧面投影称为左视图,见图 $1-3-1$(c)。

(一)三视图的投影规律

三视图的投影规律见图 $1-3-1$(c):主视图反映物体的长和高,俯视图反映物体的长和宽,左视图反映物体的宽和高。因此,三视图有以下投影特性:主、俯视图长对正;主、左视图高平齐;俯、左视图宽相等。三视图的投影特性不仅适用于物体整体的投影,也适用于物体局部结构的投影。

注意:三投影面展平后,投影轴 Y 分成了 Y_H 和 Y_W,所以立体上的"宽"在俯视图上是竖向度量,而在左视图上是横向度量。

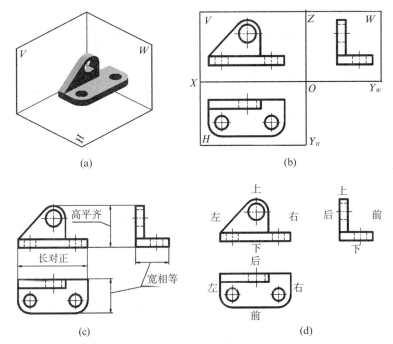

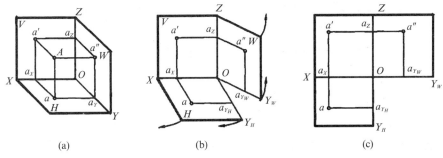

图 1-3-1 三视图的形成

（二）立体的方位与三视图的对应关系

立体有前后、上下、左右六个方位,它们与三视图的对应关系见图 1-3-1(d),每一个视图都反映了立体的四个方位。注意:如图 1-3-1(d)所示,俯视图的下方和左视图的右方表示立体的前方;俯视图的上方和左视图的左方表示立体的后方。

二、点、线、面的投影

（一）点的投影

如图 1-3-2(a)所示,A 为位于三面投影体系中的一点。由空间 A 点分别作垂直于 V,H,W 面的投射线(垂线),交点 A 在 V 面上的投影称为正面投影,用 a' 表示;在 H 面上的投影称为水平投影,用 a 表示;在 W 面上的投影称为侧面投影,用 a'' 表示。三面投影的展开过程见图 1-3-2(b)和(c)。

图 1-3-2 点的三面投影的形成

实际画投影图时,不必画出投影面的边框,点的三面投影之间的连线称为投影连线,见图 1-3-3。

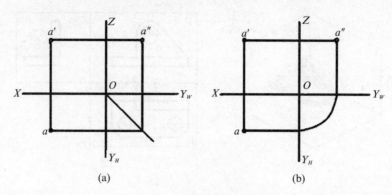

图 1 - 3 - 3　点的三面投影的画法

画投影图时,可用图 1 - 3 - 3(a)所示的 45°辅助线法,也可采用图 1 - 3 - 3(b)所示的方法。

点的三面投影规律如下:

(1) 点的相邻投影的连线垂直于相应的投影轴;

(2) 点的投影到投影轴的距离,等于空间点到相应投影面的距离。

（二）直线的投影

在三投影面体系中,直线按其与投影面的相对位置,可分为三种:

(1) 一般位置直线——与三个投影面都倾斜的直线;

(2) 投影面的平行线——平行于一个投影面、倾斜于另外两个投影面的直线;

(3) 投影面的垂直线——垂直于一个投影面、平行于另外两个投影面的直线。

后两类又称为特殊位置直线。

1. 一般位置直线

一般位置直线对三个投影面都倾斜,三个投影都倾斜于投影轴,且均不反映实长,见图 1 - 3 - 4。

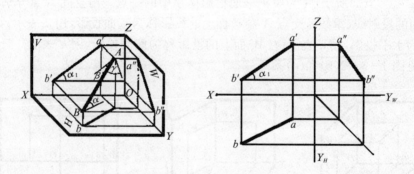

图 1 - 3 - 4　一般位置直线

2. 投影面的平行线

投影面的平行线有三种位置,见图 1 - 3 - 5:

(1) 水平线——平行于水平投影面的直线;

(2) 正平线——平行于正立投影面的直线;

(3) 侧平线——平行于侧立投影面的直线。

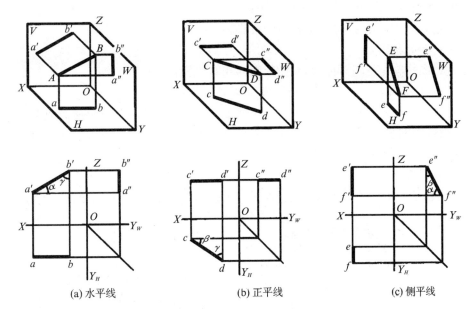

(a) 水平线	(b) 正平线	(c) 侧平线

图 1-3-5　投影面的平行线

其投影特性为：直线在所平行的投影面上的投影反映空间线段的实长，在另外两个投影面上的投影长度小于空间线段的实长。

3. 投影面的垂直线

投影面的垂直线有三种位置，见图 1-3-6：

（1）正垂线——垂直于正立投影面的直线；

（2）铅垂线——垂直于水平投影面的直线；

（3）侧垂线——垂直于侧立投影面的直线。

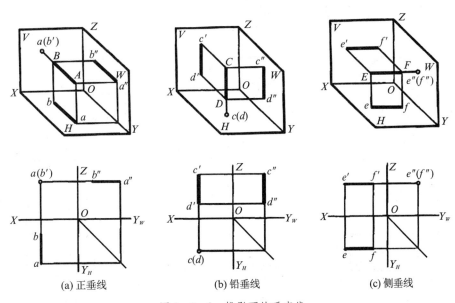

(a) 正垂线	(b) 铅垂线	(c) 侧垂线

图 1-3-6　投影面的垂直线

其投影特性为：直线在所垂直的投影面上的投影积聚为点，在另外两个投影面上的投影反映空间线段的实长，并垂直于相应的投影轴。

（三）平面的投影

在三投影面体系中，平面按其与投影面的相对位置，可分为三种：

（1）一般位置平面——与三个投影面都倾斜的平面；

（2）投影面的垂直面——垂直于一个投影面、倾斜于另外两个投影面的平面；

（3）投影面的平行面——平行于一个投影面、垂直于另外两个投影面的平面。

后两类又称为特殊位置平面。

1. 一般位置平面

一般位置平面对三个投影面都倾斜，三个投影都为缩小的类似形，见图1-3-7。

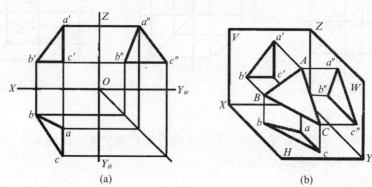

图1-3-7　一般位置平面

2. 投影面的垂直面

投影面的垂直面有三种位置，见图1-3-8：

（1）正垂面——垂直于正立投影面的平面；

（2）铅垂面——垂直于水平投影面的平面；

（3）侧垂面——垂直于侧立投影面的平面。

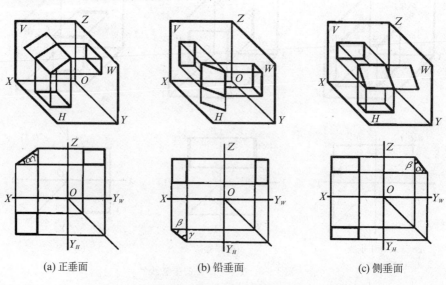

(a) 正垂面　　　　　(b) 铅垂面　　　　　(c) 侧垂面

图1-3-8　投影面的垂直面

其投影特性为：平面在所垂直的投影面上的投影积聚为直线，在另外两个投影面上的投影均为缩小的类似形。

3. 投影面的平行面

投影面的平行面有三种位置，见图 1-3-9：

（1）正平面——平行于正立投影面的平面；

（2）水平面——平行于水平投影面的平面；

（3）侧平面——平行于侧立投影面的平面。

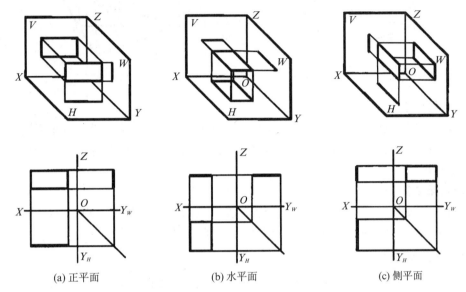

(a) 正平面　　　　　　　　(b) 水平面　　　　　　　　(c) 侧平面

图 1-3-9　投影面的平行面

其投影特性为：平面在所平行的投影面上的投影反映空间平面的实形，在另外两个投影面上的投影积聚为直线，并平行于相应的投影轴。

【任务实施】

模块　在投影面上找点

〖任务要求〗

如图 1-3-10 所示，已知△ABC 上一点 K 的 V 面投影 k'，求作 k。

〖任务准备〗

图纸、铅笔、直尺、橡皮、圆规等。

〖任务操作〗

点在平面上的几何条件为：若一点在平面内的任一直线上，则此点必定在该平面上。因此，在求作平面上点的投影时，可先在平面上作辅助线，然后在辅助线的投影上求作点的投影。

作图方法见图 1-3-11。在 V 面投影中，过 a' 和 k' 作辅助线，与 $b'c'$ 交于 d'。由 d' 作 OX 轴的垂线，与 bc 交于 d，则 ad 即为辅助线的 H 面投影。再由 k' 作 OX 轴的垂线，与 ad 交于 k，即为点 K 的 H 面投影。

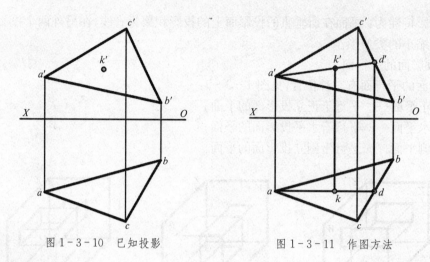

图1-3-10 已知投影　　　　　图1-3-11 作图方法

【任务评价】

在特殊位置平面上的投影可通过积聚性直接作出,但若点在一般位置平面上,由于一般位置平面的投影没有积聚性,所以在求作平面上点的投影时不能直接作出,必须在平面上作一条辅助线。

【任务拓展】

空间两直线的相对位置有三种:平行、相交和交叉。平行两直线和相交两直线都可以组成一个平面,而交叉两直线则不能,所以交叉两直线又称为异面直线。

一、两直线平行

若空间两直线互相平行,则其同面投影必互相平行;若两直线的三个同面投影分别互相平行,则空间两直线必互相平行,见图1-3-12(a)。

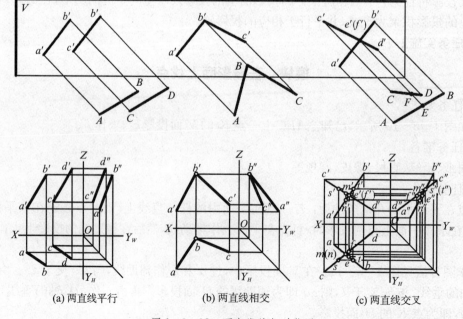

(a) 两直线平行　　　　(b) 两直线相交　　　　(c) 两直线交叉

图1-3-12 两直线的相对位置

二、两直线相交

若空间两直线相交,则其同面投影必相交,且其交点必符合空间一个点的投影特性;反之亦然,见图1-3-12(b)。

三、两直线交叉

既不平行又不相交的两条直线称为两交叉直线。如图1-3-12(c)所示,虽然 AB 和 CD 的同面投影也相交,但"交点"不符合一个点的投影特性。

【课后练习】

1. 三视图的投影规律是:主、俯_____,主、左_____,俯、左_____。
  A. 长对正/高平齐/宽相等   B. 宽相等/高平齐/长对正
  C. 高平齐/长对正/宽相等   D. 长对正/宽相等/高平齐

2. 俯视图的_____和左视图的_____,表示物体的_____。
  A. 左方/右方/后方   B. 下方/右方/前方
  C. 上方/左方/前方   D. 右方/下方/后方

3. 根据下图所示主视图和俯视图,选择_____为正确的左视图。

4. 在三投影面体系中,若物体上的直线平行于水平面而倾斜于另外两个投影面,则该直线为_____,在_____投影为反映实长的斜线。
  A. 水平线/侧立面   B. 水平线/水平面
  C. 侧平线/侧立面   D. 正平线/正立面

5. 一直线的 H 面投影成一点,则该直线称为_____线,其_____投影反映实长。
  A. 铅垂/V   B. 正垂/V,H
  C. 铅垂/V,W   D. 以上都不对

6. V 面投影反映实形,H 面投影积聚成横线,W 面投影积聚成竖线的平面为_____。
  A. 铅垂面   B. 侧垂面   C. 正平面   D. 侧平面

7. 在三投影面体系中,侧垂面_____于侧立投影面、_____于正立投影面、_____于水平投影面。
  A. 平行/垂直/垂直   B. 垂直/倾斜/倾斜
  C. 倾斜/垂直/平行   D. 垂直/倾斜/平行

8. 以下正面投影成斜线的有_____。
  Ⅰ.一般位置线;Ⅱ.正垂面;Ⅲ.正平线
  A. Ⅰ   B. Ⅰ+Ⅱ
  C. Ⅰ+Ⅲ   D. Ⅰ+Ⅱ+Ⅲ

任务 4　平面立体投影的绘制

【任务描述】

立体由若干个表面(平面或曲面)所围成。工程上常见的立体包括平面立体和曲面立体。表面均为平面的立体称为平面立体;表面为曲面或曲面与平面所围成的立体称为曲面立体。机器零件的形状多种多样,一般都可以看作由单一立体或若干个立体堆积、挖切而成。

【学习目标】

(1) 能描述平面立体的特征;

(2) 能完成平面立体的表面取点的任务;

(3) 能绘制平面立体的投影。

【相关知识】

任何复杂的形体都可以看成是由若干基本体按一定的方式组合而成的。基本体有平面基本体和曲面基本体两类。平面基本体的每个表面都是平面,如棱柱、棱锥、棱台等;曲面基本体至少有一个表面是回转面,又称回转体,如圆柱、圆锥、圆球等。

平面立体由若干平面多边形所围成,因此,绘制平面立体的三视图,实质就是画出组成平面立体的各个平面多边形及交线的投影。

一、棱柱

棱柱是由棱面、顶面和底面围成的,相邻棱面的交线称为棱线,棱柱的棱线互相平行。常见的棱柱有三棱柱、四棱柱、五棱柱和六棱柱等。下面以六棱柱为例,分析其投影特征和作图方法。

(一) 投影分析

正六棱柱,顶面和底面是互相平行的正六边形,六个棱面均为矩形,且与顶面和底面垂直。为作图方便,选择正六棱柱的顶面和底面与水平面平行,并使前、后棱面与正面平行,见图 1 - 4 - 1(a)。

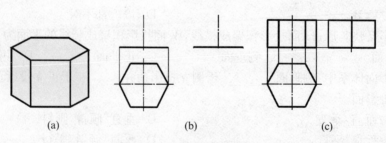

(a)　　　　　　　　(b)　　　　　　　　(c)

图 1 - 4 - 1　正六棱柱的投影

正六棱柱的投影特征是:顶面和底面的水平投影重合,并反映实形,为正六边形,顶面和底面的正面、侧面投影均积聚为直线;六个棱面的水平投影分别积聚为六边形的六条边;由于前、后两个棱面平行于正面,所以正面投影反映实形,侧面投影积聚为两条直线;其余四个棱面与正面和侧面倾斜,所以四个棱面的正面、侧面投影为缩小的矩形。

（二）作图步骤

（1）先作正六棱柱的对称中心线和底面基线，画出反映顶面、底面轮廓特征的俯视图——正六边形，见图1-4-1(b)。

（2）按长对正的投影关系，并量取正六棱柱的高度画出主视图，再按照高平齐、宽相等的尺寸关系作出左视图。如图1-4-1(c)所示，正六棱柱的正面投影为三个相邻的矩形，侧面投影为两个相邻的矩形。

（三）棱柱表面取点

平面立体表面取点，其基本原理和方法与平面上取点的方法相同，但要判别投影的可见性。

如图1-4-2所示，已知正六棱柱表面上点A和B的正面投影a'和(b')，求两点的水平投影和侧面投影。

解答：由于六棱柱的各个表面均为特殊平面，六棱柱表面上取点可利用平面投影积聚性的原理作图。由点A的位置及正面投影a'的可见性，可判断出点A在六棱柱的左前侧面上，此面的水平投影积聚为倾斜直线，根据点的从属性，点A的水平投影a在此倾斜直线上，再由正面投影a'和水平投影a利用高平齐、宽相等的尺寸关系求出侧面投影a''。因点A在左前侧面，故点A的侧面投影可见，应标注成a''。

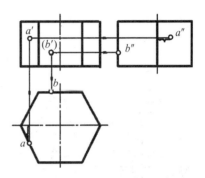

图1-4-2　六棱柱表面取点

由点B的位置及正面投影b'不可见可以判断点B在棱柱体的后面，此面在水平面和侧面上的投影均积聚为直线，根据点的从属性，可求出点B的水平投影b和侧面投影b''。

二、棱锥

棱锥体的底面为多边形，各侧面均为过锥顶的三角形，棱线交于锥点。常见的棱锥有三棱锥、四棱锥、五棱锥等。下面以三棱锥为例，分析其投影特征和作图方法。

（一）投影分析

图1-4-3(a)所示的正三棱锥底面为正三角形，三个侧面均为过锥顶的等腰三角形。正三棱锥的投影特征是：底面$\triangle ABC$为水平面，其水平投影$\triangle abc$反映实形，正面投影和侧面投影分别积聚为两水平直线。后棱面$\triangle SAC$为侧垂面，其侧面投影积聚为倾斜直线，正面投影$\triangle s'a'c'$和水平投影$\triangle sac$均为缩小的类似形。左右两个侧棱面$\triangle SAB$和$\triangle SCB$均为一般位置平面，其三面投影均为缩小的类似形，两个侧棱面的侧面投影$\triangle s''a''b''$和$\triangle s''c''b''$重合。

（二）作图步骤

（1）画出底面$\triangle ABC$的三面投影，先画俯视图——正三角形，见图1-4-3(b)。

（2）量取正三棱锥的高度，定出锥顶S的三面投影位置，然后将锥顶和底面三个顶点的同面投影连接起来，即得正三棱锥的三面投影，见图1-4-3(b)。

（三）棱锥表面取点

在棱锥表面取点，其原理和方法与在平面上取点相同。如果点在特殊位置平面上，可利用积聚性求解，而在一般位置平面上取点，则利用辅助线求解，即先在平面上过点作辅助直线，然后在此直线上找点。

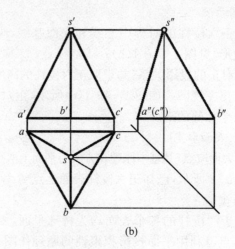

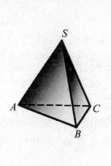

(a)

(b)

图 1-4-3　正三棱锥的投影

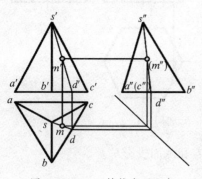

图 1-4-4　三棱锥表面取点

如图 1-4-4 所示,已知正三棱锥表面上有一点 M 的正面投影 m',求点 M 的其余两面投影。

解答:由点 M 的位置以及正面投影 m' 的可见性,判断出 M 点在棱面 SCB 上,因为此面为一般位置平面,所以应采用辅助线作图。如图所示,在主视图上由 s' 过 m' 作辅助直线交 $b'c'$ 于 d',根据点的从属性,求出 d 和 d''。连接 sd 和 $s''d''$,再由点 M 在直线 SD 上,求出 m 和 m''。因为点 M 在右前侧棱面上,故水平投影可见,应标注成 m,侧面投影不可见,应标注成 (m'')。

【任务实施】

模块　绘制平面基本体视图的训练

【任务要求】

如图 1-4-5 所示,求四棱台的侧面投影,并求出其表面上点 A,B,C 的另外两个投影。

【任务准备】

图纸、铅笔、直尺、橡皮、圆规等。

【任务操作】

一、补侧面投影

投影分析:图 1-4-5 所示的四棱台的四个棱面为一般位置平面,故侧面投影为类似形。作图步骤:按照高平齐、宽相等的投影关系画出左视图,见图 1-4-6。

二、表面取点

由点 A 的正面投影 a' 的位置和可见性,判断点 A 在左前棱面上,因为此面为一般位置平面,所以应采用辅助线作图。由点 B 的水平面投影 b 的位置和可见性,判断点 B 在前棱线上,此线为侧平线,可根据点的从属性作图。由点 C 的水平面投影 c 的位置和可见性,判断点 C 在底面上,因为此面为水平面,在正面和侧面的投影成水平线,所以可根据积聚性作图。具体作图方法见图 $1-4-6$。

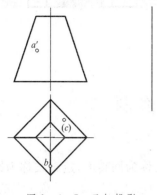

图 $1-4-5$ 已知投影

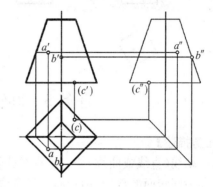

图 $1-4-6$ 作图方法

【任务评价】

　　平面立体的棱线均是直线,画平面立体的投影,就是画各棱线交点的投影,然后顺次连线,并注意区分可见性。平面立体表面取点,利用平面上取点的方法。

【课后练习】

1. 若正四棱锥的底面为水平面,则其四个棱面在三投影面中的投影不可能_____。

　　A. 积聚成直线　　　　　　　　　B. 为正垂面

　　C. 反映实形　　　　　　　　　　D. 为缩小的类似形

2. 若正四棱台的底面为水平面,一个棱面为侧垂面,则其他棱面不可能_____。

　　A. 在主视图为直线　　　　　　　B. 在左视图为直线

　　C. 在俯视图为直线　　　　　　　D. 在左视图为缩小的类似形

3. 轴线为铅垂线的正六棱柱,其六条棱线均为_____,在水平面投影_____。

　　A. 侧垂线/为一横线

　　B. 铅垂线/积聚为一点

　　C. 正垂线/为一竖线

　　D. 一般位置直线/为缩短的直线

4. 若正六棱柱的顶面为水平面,一个棱面为正平面,则其主视图为_____。

　　A. 反映前后棱面实形的矩形线框

　　B. 反映顶面和底面实形的正六边形线框

　　C. 三个矩形线框

　　D. 两个矩形线框

5. 若正四棱锥的底面为水平面,一个棱面为正垂面,则其主视图为_____。

　　A. 前后棱面的缩小的类似形线框

　　B. 反映底面实形的正方形线框

　　C. 四个三角形线框

　　D. 反映前后棱面实形的三角形线框

6. 已知下图所示直四棱柱的主视图和俯视图，选择正确的左视图_____。

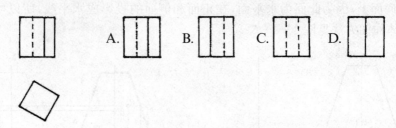

A.   B.   C.   D.

任务5 回转体投影的绘制

【任务描述】

由一动线（直线或曲线）绕一定直线旋转而成的曲面称为回转面，定直线称为回转轴，动直线称为回转面的母线，回转面上任意位置的母线称为素线。母线上任意一点的旋转轨迹都是圆，该圆又称纬圆。由回转面或回转面与平面围成的立体，称为回转体。

【学习目标】

（1）能描述回转体的形成特点；

（2）能完成回转体的表面取点的任务；

（3）能绘制回转体的投影。

【相关知识】

一、圆柱体

（一）圆柱体的形成

如图 1-5-1 所示，以直线为母线，绕与之平行的定轴回转一周所形成的面称为圆柱面。圆柱体的表面由圆柱面及顶面、底面所围成。

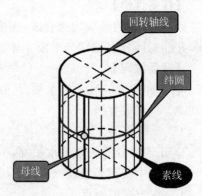

图 1-5-1　圆柱体的形成

（二）投影分析

如图 1-5-2 所示，圆柱体的顶面、底面为水平面，其水平投影反映实形，正面投影和侧面投影积聚为一条直线。由于圆柱体轴线为铅垂线，圆柱面上的每一条素线均为铅垂线，圆柱面的水平投影积聚为一个圆，其正面投影和侧面投影为形状大小相同的矩形。

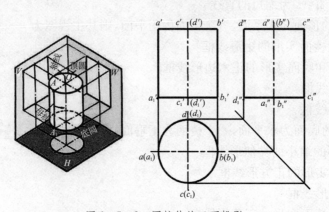

图 1-5-2　圆柱体的三面投影

正面投影中矩形的两条铅垂边 $a'a_1'$，$b'b_1'$ 是圆柱体最左、最右两条转向素线 AA_1，BB_1 的正面投影，是前半圆柱面和后半圆柱面可见与不可见的分界线，称为圆柱体正面投影的转向轮廓线。其侧面投影 $a''a_1''$，$b''b_1''$ 与轴线重合，不必画出。

同理，圆柱体侧面投影中矩形的两条铅垂边 $c''c_1''$，$d''d_1''$ 是圆柱体最前、最后两条转向素线 CC_1，DD_1 的侧面投影，是左半圆柱面和右半圆柱面可见与不可见的分界线，称为圆柱体侧面投影的转向轮廓线。其正面投影 $c'c_1'$，$d'd_1'$ 与轴线重合，不必画出。

（三）作图步骤

画圆柱体的三视图时，先用细点画线画出圆的中心线和回转轴线的投影，然后画投影为圆的视图，再画另外两个矩形。

（四）圆柱体表面取点

如图 1-5-3 所示，已知圆柱体表面上点 M 的正面投影 m'，试求点 M 的其余两面投影。

解答：因为点 M 的正面投影 m' 可见，所以判断其在右前半圆柱面上。点 M 的水平投影 m 必积聚在圆周上，得点 M 的水平投影 m，由 m' 和 m 根据点的投影规律，得出点 M 侧面投影 m''。因为点 M 在右半圆柱面上，故其侧面投影不可见，应标注成 (m'')。

二、圆锥体

（一）圆锥体的形成

以直线为母线，绕与之相交的轴线回转一周所形成的回转面称为圆锥面。圆锥体是由圆锥面和底面围成的，见图 1-5-4。

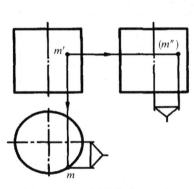

图 1-5-3　圆柱体表面取点

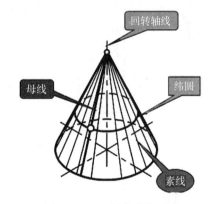

图 1-5-4　圆锥体的形成

（二）投影分析

如图 1-5-5 所示，圆锥体的轴线为铅垂线，底面为水平面，它在水平面上的投影为圆，反映实形，正面投影和侧面投影积聚为直线。圆锥体的正面投影为等腰三角形，其两腰 $s'a'$ 和 $s'b'$ 分别是圆锥体最左、最右转向轮廓线，即前半锥面和后半锥面可见与不可见的分界线；两腰的侧面投影 $s''a''$，$s''b''$ 与圆锥轴线重合，水平投影 sa，sb 与圆的水平中心线重合，都不必画出。圆锥体的侧面投影与正面投影情况类似，只是等腰三角形的两腰 $s''c''$ 和 $s''d''$ 分别是圆锥体最前、最后转向轮廓线，也是左半圆锥面和右半圆锥面可见与不可见的分界线；它们的正面投影 $s'c'$，$s'd'$ 与轴线重合，水平投影 sc，sd 与圆的铅垂中心线重合，也不必画出。

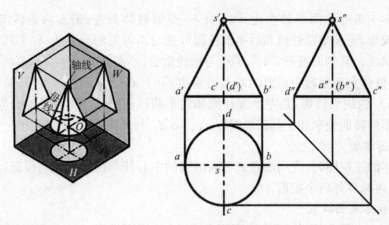

图 1-5-5 圆锥体的三面投影

（三）作图步骤

画圆锥体的三视图时，先画圆的中心线和回转轴线的投影，再画底面圆的各投影，然后画出锥顶的投影和锥面的投影（等腰三角形），完成圆锥体的三视图。

（四）圆锥体表面取点

如图 1-5-6 所示，已知圆锥体表面一点 M 的正面投影 m'，求其另外两面的投影 m 和 m''。

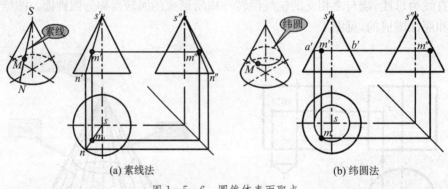

（a）素线法　　　　　　　　　　　　　（b）纬圆法

图 1-5-6 圆锥体表面取点

解答：因为圆锥面的三面投影都不具有积聚性，所以在圆锥面上取点就不能像圆柱那样，利用积聚性投影直接求出一个投影，而应当采用辅助素线或辅助纬圆来确定投影。

如图 1-5-6(a) 所示，用素线法作图，步骤如下：

（1）连素线 $s'm'$，并延长交底边于 n'，根据 m' 可见，判断点 M 位于前半锥面上，求出素线 SN 的水平投影 sn；

（2）根据点的从属性，过 m' 作垂线交 sn 于 m；

（3）求出 SN 的侧面投影 $s''n''$，根据点的从属性，由 m' 作水平线交 $s''n''$ 于 m''，m'' 可见。

如图 1-5-6(b) 所示，用纬圆法作图，步骤如下：

（1）过 m' 作一水平线，交两转向轮廓线于 a' 和 b'（即纬圆的正面投影），以 $a'b'$ 长度为直径在水平面上画一圆（即纬圆的水平投影）；

（2）由于 M 点正面投影可见，由 m' 作垂线交纬圆水平投影前半圆周于 m；

（3）由 m' 和 m，可求出 m''。

三、圆球体

（一）圆球体的形成

圆球体表面是球面，球面是由一条圆母线绕其直径回转而形成的，见图 1-5-7。

图 1-5-7 圆球体的形成

（二）投影分析

圆球体的三面投影均为圆，见图 1-5-8。这三个圆的直径完全相等，都等于圆球的直径。正面投影的圆是球体正面投影的转向轮廓线，也是前、后两个半球可见与不可见的分界线，该圆的水平投影重合在水平中心线上，侧面投影重合在铅垂中心线上，二者都不必画出。水平投影的圆是球体水平投影的转向轮廓线，也是上、下两半球可见与不可见的分界线，该圆的正面投影和侧面投影都重合在水平中心线上，也不必画出。侧面投影的圆是球体侧面投影的转向轮廓线，也是左、右两个半球可见与不可见的分界线，该圆的正面投影和水平投影都重合在铅垂中心线上，也不必画出。

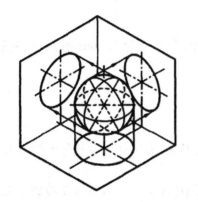
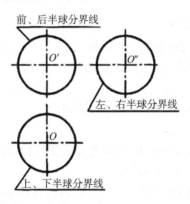

前、后半球分界线

左、右半球分界线

上、下半球分界线

图 1-5-8 圆球体的三面投影

（三）作图步骤

先画三个视图中圆的中心线，再画三个与圆球直径相等的圆。

（四）圆球体表面取点

如图 1-5-9 所示，已知球面上一点 M 的正面投影 m'，求其另外两面的投影 m 和 m''。

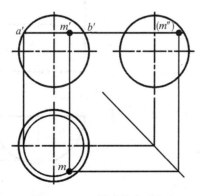

图 1-5-9 圆球体表面取点

解答：球面的三面投影都没有积聚性，因此球面上取点，要用辅助纬圆法。

过 m' 引一水平线交圆周于 a' 和 b'，即点 M 所在辅助圆的正面投影，以 $a'b'$ 长度为直径在水平投影图上画一圆，即辅助纬圆的水平投影（反映实形），辅助纬圆的侧面投影积聚为直线（辅助纬圆直径）。

由于 m' 可见，过 m' 作垂线交辅助纬圆水平投影前半圆周于 m，由 m' 和 m 求出侧面投影 m''。由点 M 位于右半球面，可知侧面投影不可见，标注为（m''）。

另外，可作平行于正面的辅助纬圆：过 m' 画圆，为辅助圆的正面投影，反映实形，辅助圆水平投影和侧面投影积聚为直线，均为辅助圆直径，依据点的从属性可求出 m 和 m''。

同理，还可作平行于侧面的辅助纬圆：过 m' 引一铅垂线交圆周于两点，得辅助圆积聚为直线的正面投影，其水平投影也积聚为直线，两直线均为辅助圆直径，依据直径长度在侧面投影图上画圆，即为辅助圆的实形，由点的从属性可求出 m 和 m''。读者可根据提示，自己作图。

【任务实施】

模块　绘制回转体视图的训练

〖任务要求〗

已知半圆柱体的俯视图，如图 1-5-10 所示，其高度为 50 mm，补画主、左视图，并完成半圆柱体上点 A 和 B 的投影。

〖任务准备〗

图纸、铅笔、直尺、橡皮、圆规等。

〖任务操作〗

分析该半圆柱体的位置及投影特性，根据长对正、高平齐和宽相等的投影关系在指定位置作出其主、左视图。

点 A 正面投影 a' 可见，故判断其在左前半圆柱面上。点 A 的水平投影 a 必积聚在圆周上，因此得点 A 的水平投影 a，由 a 和 a' 根据点的投影规律，得出点 A 的侧面投影 a''。点 B 的正面投影 b' 在中心线上且可见，故判断其在最前转向素线上，由从属性求出其另外两面投影。作图方法见图 1-5-11。

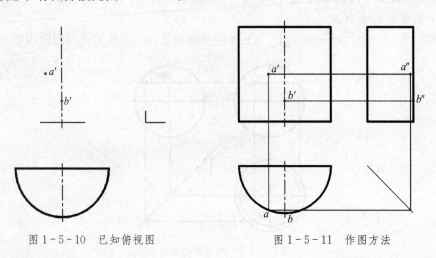

图 1-5-10　已知俯视图　　　　图 1-5-11　作图方法

【任务评价】

曲面立体的表面为曲面或曲面和平面,画曲面立体的投影就是画曲面体的轮廓线及转向素线的投影。表面取点的方法有积聚性法、辅助素线法和辅助纬圆法。

【课后练习】

1. 一动线绕固定轴线回转形成回转体,该动线称为_____,其每一个具体位置称为_____。

  A. 母线/素线   B. 素线/母线

  C. 母线/纬线   D. 素线/纬线

2. 当圆柱体的轴线为铅垂线时,其圆柱面为_____,上下表面为_____。

  A. 铅垂面/正垂面   B. 铅垂面/水平面

  C. 任意面/侧垂面   D. 任意面/水平面

3. 若圆锥的轴线为铅垂线,则该圆锥的主视图为_____,俯视图为_____。

  A. 圆/圆   B. 三角形/三角形

  C. 圆/二角形   D. 三角形/圆

4. 母线为圆,可以形成的回转面是_____。

  Ⅰ.球;Ⅱ.环;Ⅲ.圆柱

  A. Ⅱ   B. Ⅲ   C. Ⅰ+Ⅲ   D. Ⅰ+Ⅱ

5. 一圆柱的轴线为铅垂线,则在俯视图上有积聚性的是_____,有真实性的是_____。

  A. 圆柱面/底面   B. 底面/圆柱面   C. 顶面/底面   D. 底面/顶面

项目二　组合体的表达

项目描述

工程上有一些机器零件的表面，经常出现平面与立体相交或回转体与回转体表面相交的情况。平面与立体相交称为截交，立体表面产生的交线称为截交线。回转体与回转体相交称为相贯，其表面产生的交线称为相贯线。

任何复杂的形体都可以看成是由一些基本形体按照一定的连接方式组合而成的。基本形体包括前面讲述的平面基本体和回转体。而由基本形体组成的复杂形体称为组合体。组合体的组合形式、连接方法、画图规律、尺寸标注及读图技巧是本项目研究的内容。

任务 1　棱柱切割体投影的绘制

【任务描述】

用平面切割立体，平面与立体表面的交线称为截交线，该平面称为截平面，由截交线所围成的平面图形称为截断面。平面与平面体相交，其截断面为一平面多边形，见图 2-1-1。

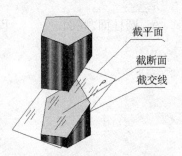

图 2-1-1　截平面与截交线

【学习目标】

(1) 能正确绘制棱柱切割体的截交线；

(2) 能绘制棱柱切割体的投影。

【相关知识】

一、基本概念

用平面截切立体，平面与立体表面的交线称为截交线，该平面称为截平面，由截交线所围成的平面图形称为截断面。

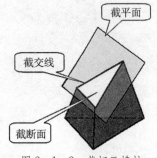

图 2-1-2　截切三棱柱

二、截交线的性质

由于立体都有一定的范围，故截交线都是封闭的平面图形。平面立体被截切，截交线为平面多边形，见图 2-1-2。

截交线具有共有性，既是截平面上的线，也是立体表面的线，是截平面和立体表面共有点的集合。

三、画截交线的一般方法

（一）空间分析

分析截平面与立体的相对位置，确定截交线的形状。分析截平面与投影面的相对位置,确定投影特性。

（二）画截交线的投影

求截交线投影的两种方法:

（1）棱线法——找出平面立体上被截切的各棱线与截平面的交点,然后顺次连接各点,形成封闭的平面多边形;

（2）棱面法——找出平面立体上被截切的各面与截平面的交线,并连接成封闭的平面多边形。

【任务实施】

<h2 align="center">模块　补全截切六棱柱的投影</h2>

〖任务要求〗

正垂面截切六棱柱,完成截切后的三面投影,见图2-1-3。

〖任务准备〗

图纸、铅笔、直尺、橡皮、圆规等。

〖任务操作〗

（1）六棱柱的上部被正垂面截切,截交线的正面投影积聚为一直线。水平投影除顶面上的截交线外,其余各段截交线都积聚在六边形上。

（2）作图步骤:由截交线的正面投影可在水平面和侧平面相应的棱线上求得截平面与棱线的焦点,依水平投影的顺序连接侧面投影各交点,可得截交线的投影,见图2-1-4。画左视图时,既要画出截交线的投影,又要画出六棱柱轮廓线的投影。

（3）判断可见性:俯视图、左视图上截交线的投影均为可见,在左视图中后棱线的投影不可见,应画出虚线。

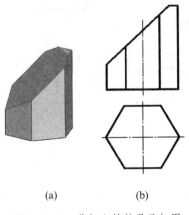

图2-1-3　截切六棱柱及已知图

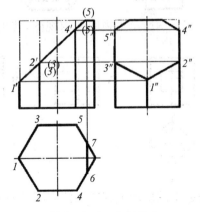

图2-1-4　作图完成

【任务评价】

平面截切平面立体时,截交线是平面多边形。多边形的各边是截平面与立体各表面的交线,而多边形的顶点是立体棱线或底边与截平面的交点。求平面立体的截交线时,常采用棱线法:先求各棱线或底边与截平面的交点,再用直线依次连接各交点,从而得到截交线。

【课后练习】

1. 根据下图所示主视图和俯视图,选择正确的左视图_____。

A.   B.   C.   D.

2. 根据下图所示主视图和俯视图,选择正确的左视图_____。

A.   B.   C.   D.

3. 根据下图所示主视图和左视图,选择正确的俯视图_____。

A.   B.   C.   D.

4. 根据下图所示主视图和俯视图,找出正确的左视图_____。

A.   B.   C.   D.

5. 根据下图所示主视图和俯视图,选择正确的左视图_____。

A.   B.   C.   D.

6. 已知物体的主视图和左视图如下图所示,则正确的俯视图应为_____。

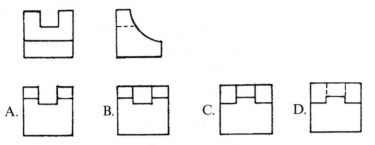

7. 根据下图所示主视图和俯视图,选择正确的左视图_____。

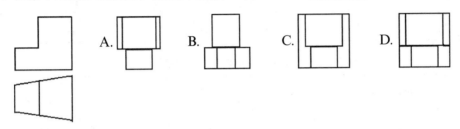

任务 2 回转体切割体投影的绘制

【任务描述】

当平面切割回转体时,截交线的形状取决于回转体表面的形状以及截平面与回转体的相对位置。其截交线有如下性质:

(1) 截交线是截平面和回转体表面的共有线,截交线上任意点都是它们的共有点;

(2) 截交线是封闭的平面图形;

(3) 截交线的形状取决于回转体表面的形状及截平面与回转体轴线的相对位置。

【学习目标】

(1) 能分析回转体切割体的截交线及其投影;

(2) 能绘制回转体切割体。

【相关知识】

一、平面与圆柱相交

平面与圆柱相交,根据截平面对圆柱体轴线的相对位置不同,截交线的形式分为三种,见表 2-2-1。

二、平面与圆锥相交

平面与圆锥相交,根据截平面对圆锥体轴线的相对位置不同,截交线的形式分为五种,见表 2-2-2。

因为圆锥面的各个投影均无积聚性,所以求圆锥的截交线时,可采用辅助平面法。作一辅助平面,利用三面(截平面、圆锥面和辅助平面)共点原理,求截交线上的点,截切圆锥的作图步骤此处省略。

表 2 - 2 - 1 平面与圆柱相交的三种情况

截平面的位置	与轴线平行	与轴线垂直	与轴线倾斜
截交线的形状	矩形	圆	椭圆
立体图			
投影图			

表 2 - 2 - 2 平面与圆锥相交的五种情况

截平面的位置	与轴线垂直	与轴线倾斜	平行于一条转向素线	平行于两条转向素线	通过锥顶
截交线的形状	圆	椭圆	抛物线和直线	双曲线和直线	等腰三角形
立体图					
投影图					

三、平面与圆球相交

平面与圆球相交,不论截平面处于什么位置,其截交线都是圆。当截平面平行于某一投影面时,截交线在该投影面上的投影为圆,在另外两个投影面上的投影积聚为直线,见图 2 - 2 - 1(a)。当截平面垂直于投影面时,截交线在该投影面上的投影积聚为直线,在另外两个投影面上的投影为椭圆,见图 2 - 2 - 1(b)。

(a)   (b)

图 2 - 2 - 1 平面与圆球相交

【任务实施】

模块 1　接头表面截交线的绘制

〖任务要求〗

补全接头的三面投影(见图 2-2-2)。

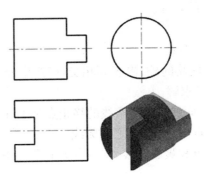

图 2-2-2　已知图形

〖任务准备〗

图纸、铅笔、直尺、橡皮、圆规等。

〖任务操作〗

分析:接头是一个圆柱体被左端开槽(中间被两个正平面和一个侧平面切割)、右端切肩(上、下被水平面和侧平面对称地切去两块)而形成的。所产生的截交线均为直线和平行于侧面的圆。

作图:

(1) 根据槽口的宽度,按前后对称作出槽口的侧面投影(两条竖线),再按投影关系作出槽口的正面投影(见图 2-2-3(a))。

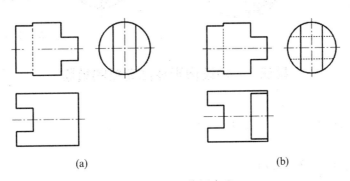

(a)　　　　　　　　　　　　　　　(b)

图 2-2-3　作图步骤

(2) 根据切肩的厚度,作出切肩的侧面投影(两条虚线),再按投影关系作出切肩的水平投影(见图 2-2-3(b))。

(3) 擦去多余作图线和描述。图 2-2-3(b)所示为完整的接头三视图。

模块 2　带通槽圆柱筒截交线的绘制

〖任务要求〗

补圆柱筒切槽后的三面投影(见图 2-2-4)。

〖任务准备〗

图纸、铅笔、直尺、橡皮、圆规等。

〖任务操作〗

作图过程见图 2-2-5,注意:

(1) 三个平面分别与圆柱筒的外、内表面相交,应产生外、内两组交线。为避免出错,作图时最好将内、外交线分别求解。

(2) 圆柱筒内表面对 W 面外形轮廓素线的终止点是 M 和 N。

(3) 点 B 与点 F 之间、点 D 与点 H 之间无线。

(4) 水平面的 W 面投影(积聚成直线)有一段为可见、一段为不可见。

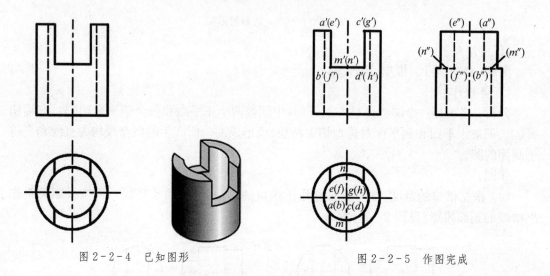

图 2-2-4　已知图形　　　　　　　　　　　图 2-2-5　作图完成

模块 3　带通槽半球截交线的绘制

〖任务要求〗

补带通槽半球的三面投影(见图 2-2-6)。

〖任务准备〗

图纸、铅笔、直尺、橡皮、圆规等。

〖任务操作〗

分析:半球的通槽由三个平面构成,一个水平面和两个侧平面截切半球,两个侧平面左右搭乘,与球面的截交线为一段圆弧,侧面投影反映实形,与水平截平面的交线为正垂线。水平面截切半球的截交线为两段圆弧,水平投影反映实形。作图的关键是确定截交线圆弧的半径,可根据截平面位置确定。

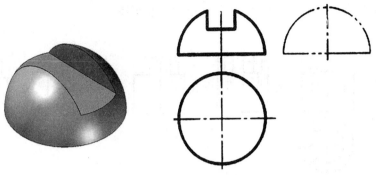

图 2-2-6 已知图形

作图:

(1) 先作通槽的水平投影。过槽底部作辅助平面,水平投影为圆,并按照长对正在圆周上截取前、后两段圆弧,见图 2-2-7(a)。

(2) 再作通槽的侧面投影。两侧平面左右对称,截切的圆弧半径相等,两段圆弧的侧面投影重合,见图 2-2-7(b)。

(3) 最后判别可见性。三个截平面产生两条交线,交线的侧面投影不可见,应画成虚线,见图 2-2-7(b)。

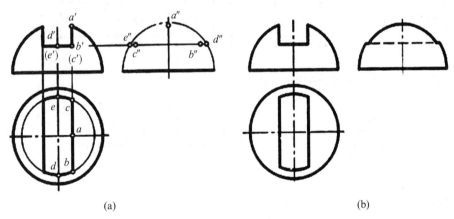

（a） （b）

图 2-2-7 作图步骤

【任务评价】

回转体的截交线是封闭的平面图形,可通过立体表面取点求出。

【课后练习】

1. 根据下图所示的主视图和俯视图,选择正确的左视图_____。

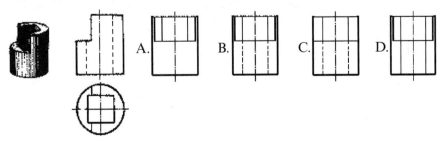

A. B. C. D.

2. 根据下图所示的主视图和俯视图，选择正确的左视图_____。

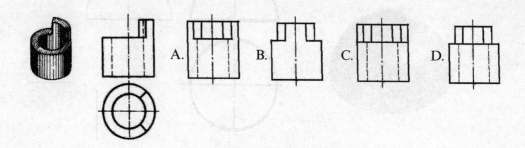

3. 根据下图所示的主视图和左视图，选择正确的俯视图_____。

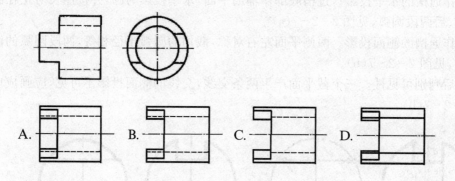

4. 根据下图所示的主视图和俯视图，选择正确的左视图_____。

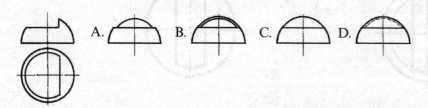

5. 根据下图所示的主视图和俯视图，选择正确的左视图_____。

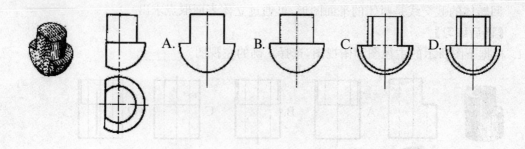

6. 根据下图所示的主视图和俯视图,选择正确的左视图_____。

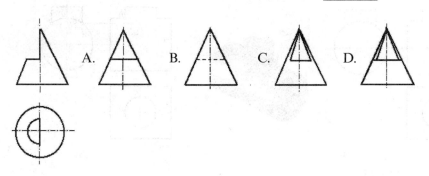

A.　　B.　　C.　　D.

任务3　圆柱相贯体投影的绘制

【任务描述】

两回转体相交,通常称为相贯,表面产生的交线称为相贯线。由于两回转体的形状、大小和相对位置不同,所以相贯线的形状也不同,根据相对位置不同,可分为正交、偏交和斜交。两圆柱正交是工程上最常见的,图2-3-1所示的三通管就是轴线相互垂直的两圆柱表面所形成的相贯线实例。

此处主要讨论两回转体正交的相贯线画法。

【学习目标】

(1) 能绘制圆柱相贯体表面相贯线;

(2) 能区分一般相贯和特殊相贯。

【相关知识】

一、基本概念

(一) 相贯线的性质

(1) 表面性。相贯线位于两立体的表面上。

图2-3-1　三通管

(2) 封闭性。相贯线一般是封闭的空间曲线,特殊情况下可以是平面曲线或直线段。

(3) 共有性。相贯线是两立体表面的共有线,也是两立体表面的分界线,相贯线上的点一定是两相交立体表面的共有点。

(二) 相贯线的作图方法

相贯线是两回转体表面共有点的集合,一般为封闭的空间曲线,特殊情况下可能是平面曲线或直线。求作共有点的方法通常采用表面取点法(积聚性)和辅助平面法。

二、不等径两圆柱正交

两个直径不等的圆柱正交,求作其相贯线的投影,见图2-3-2(a)。

(一) 空间分析

两圆柱轴线垂直相交,轴线分别为铅垂线和侧垂线,因此,小圆柱的水平投影和大圆柱的侧面投影都具有积聚性。因为相贯线是两圆柱表面的共有线,所以相贯线的水平投影积聚在小圆周上,侧面投影积聚为大圆周的一部分。

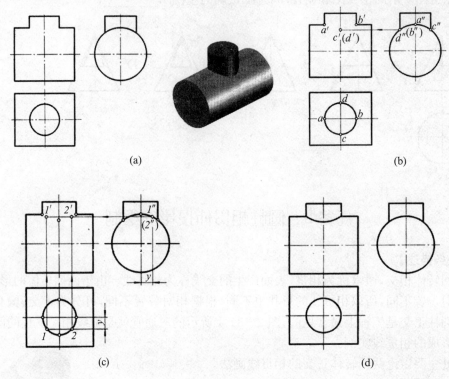

图 2-3-2　两圆柱正交的相贯线

（二）作图步骤

（1）先求特殊点。a' 和 b' 是两圆柱表面共有点的正面投影，也是相贯线的最左、最高点和最右、最高点。c'' 和 d'' 是两柱面轮廓线共有点的侧面投影，也是相贯线的最前点和最后点。由从属关系可求出 A, B, C, D 四点的其余两面投影，见图 2-3-2(b)。

（2）再求一般点。作辅助正平面，与两圆柱的交线均为矩形，水平投影和侧面投影均积聚为直线。其侧面投影 $1''$，$2''$ 和水平投影 1，2 分别在圆周与平面积聚投影的交点上，见图 2-3-2(c)。

（3）最后按水平投影各点顺序，依次连接成光滑曲线，得到相贯线的正面投影，见图 2-3-2(d)。

（三）判别相贯线的可见性

前半相贯线的正面投影可见，因前后对称，后半相贯线与前半相贯线重影。

三、相贯线的变化趋势

如图 2-3-3 所示，当正交两圆柱的相对位置不变，而相对大小发生变化时，相贯线的形状和位置也随之变化。

（1）两圆柱正交，小圆柱穿过大圆柱，在非积聚性的投影上，其相贯线的弯曲方向总朝向较大圆柱的轴线。

（2）两正交圆柱，直径差异越小，相贯线弯曲程度越大，曲线顶点越向大圆柱轴线靠近；反之，两圆柱直径差异越大，相贯线的弯曲程度越小，当两圆柱直径相差很大时，允许以直线替代相贯线的投影。

（3）正交两圆柱的相贯线，在机器零件中最常见，为了简化作图，国标规定，允许采用简化画法作出相贯线的投影，即以圆弧代替非圆曲线。如图 2-3-4 所示，两圆柱正交，且轴线均平行于正面，相贯线的正面投影以大圆柱的半径为半径画圆弧即可。

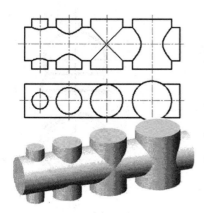

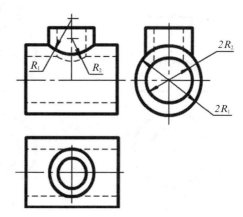

图 2-3-3　相贯线的变化趋势　　　　　　图 2-3-4　正交圆柱相贯线简化画法

四、圆柱正交的三种形式

（1）两圆柱外表面相贯。如图 2-3-5(a)所示，两圆柱表面的相贯线既是两柱面的共有线，也是两柱面的分界线。

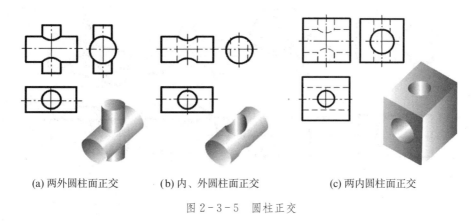

(a) 两外圆柱面正交　　　(b) 内、外圆柱面正交　　　(c) 两内圆柱面正交

图 2-3-5　圆柱正交

（2）两圆柱内、外表面相贯。如图 2-3-5(b)所示，圆柱孔与圆柱面相交时，孔口会形成相贯线；这种相贯可看成是直立圆柱与水平圆柱相贯后，再把直立圆柱抽去所形成。

（3）两圆柱内表面相贯。如图 2-3-5(c)所示，两圆柱孔相交，其内表面也会形成相贯线。若要求作两圆柱内孔表面的相贯线，作图方法与求作两圆柱外表面相贯线的方法相同。

五、相贯线的特殊情况

（一）相贯线为平面曲线

（1）两个同轴回转体相交时，它们的相贯线一定垂直于轴线的圆，当回转体轴线平行于某投影面时，这个圆在该投影面内的投影为垂直于轴线的直线，见图 2-3-6。

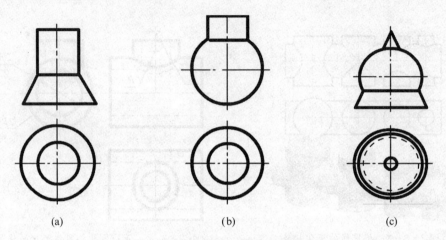

(a)　　　　　　　　(b)　　　　　　　　(c)

图 2-3-6　同轴回转体的相贯线——圆

（2）当轴线相交的两圆柱、圆柱与圆锥或两圆锥公切于同一球面时，相贯线是两椭圆，见图 2-3-7。

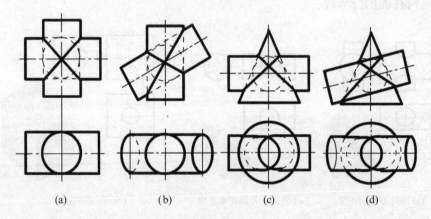

(a)　　　　　(b)　　　　　(c)　　　　　(d)

图 2-3-7　等径相贯的相贯线——椭圆

当两圆柱等径正交时，如图 2-3-7(a)所示，相贯线为两个完全相同的椭圆，椭圆平面垂直于两轴线所决定的平面。因为两圆柱的轴线都平行于正面，所以相贯线的正面投影积聚为两条相交直线，相贯线的水平投影和侧面投影均积聚在圆周上。

（二）相贯线为直线

当两圆柱面的轴线平行时，相贯线为直线，见图 2-3-8。当两圆锥共锥顶时，相贯线为直线，见图 2-3-9。

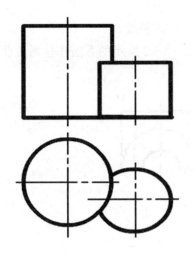

图 2-3-8　平行相贯的
相贯线——直线

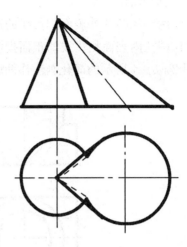

图 2-3-9　共锥顶相贯的
相贯线——直线

【任务实施】

模块　相贯体中相贯线的绘制

〖任务要求〗

已知相贯体的俯、左视图,求作主视图(见图 2-3-10)。

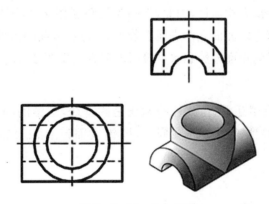

图 2-3-10　已知图形

〖任务准备〗

图纸、铅笔、直尺、橡皮、圆规等。

〖任务操作〗

由图 2-3-10 所示的立体图可以看出,该相贯体由一直立圆筒与一水平半圆筒正交而成,内外表面都有交线。外表面为两个等径圆柱面相交,相贯线为两条平面曲线(椭圆),其水平投影和侧面投影都积聚在它们所在的圆柱面有积聚性的投影上,正面投影为两段直线。内表面的相贯线为两段空间曲线,水平投影和侧面投影也都积聚在圆柱孔有积聚性的投影上,正面投影为两段曲线。

作图方法(见图 2-3-11):

(1) 作两等径圆柱外表面相贯线的正面投影,两段 45°斜线。

(2) 作圆孔内表面相贯线的正面投影。可由图 2-3-2 所示的方法作这两段曲线,也可采用图 2-3-4 所示的简化画法作两段圆弧。

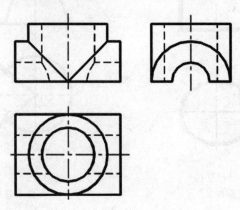

图 2-3-11　作图完成

【任务评价】

两圆柱相贯,相贯线具有共有性、表面性和封闭性。图解相贯线的关键是根据相贯立体的结构特点,选择积聚投影法或简化画法求解。

【任务拓展】

由于圆锥面的投影没有积聚性,因此,当圆锥与圆柱相交时,不能利用积聚性法作图,而要采用辅助平面法求出两曲面立体表面上若干共有点,从而画出相贯线的投影。

圆柱与圆锥相贯线的正面投影和水平投影求取方法见图 2-3-12。

一、空间分析

圆柱与圆锥的轴线相互垂直,圆柱的轴线是侧垂线,圆锥的轴线是铅垂线。相贯线的侧面投影积聚在圆柱侧面投影的圆周上,圆锥表面没有积聚性,需要用辅助平面法作图。

二、作图步骤

(1) 先求特殊点。A 和 B 是相贯线上的最高点和最低点;过圆柱的最前、最后转向素线作辅助水平面,可得相贯线最前、最后点 C 和 D,见图 2-3-12(b)。

(2) 补充一般点。作辅助水平面交圆柱的侧面投影圆周于 $1''$,$2''$,$3''$,$4''$,再利用锥面上取点的方法分别找出这四个点的水平投影,根据点投影规律可得四点的正面投影,见图 2-3-12(c)。

(3) 判断可见性并光滑连接各点。相贯线的正面投影前后重合为一曲线,A 和 B 是相贯线可见与不可见的分界点,相贯线的水平投影可见与不可见的分界点是 C 和 D,依次光滑连接各点,得相贯线的投影,见图 2-3-12(d)。

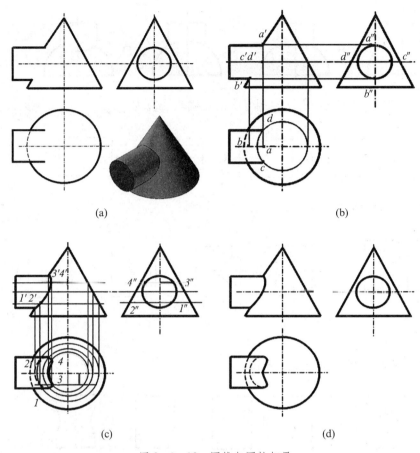

图 2-3-12 圆锥与圆柱相贯

【课后练习】

1. 如下图所示,两圆柱轴线垂直相交,其相贯线的正确画法是_____。

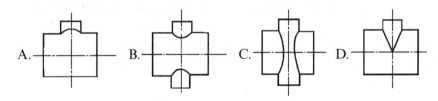

2. 如下图所示的两半径相等的圆柱,轴线垂直相交,其相贯线的正确画法是_____。

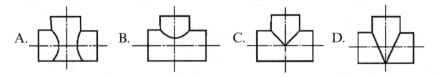

3. 如下图所示,一圆柱体的轴线通过球心,且该圆柱体与球相交,正确的相贯线是_____。

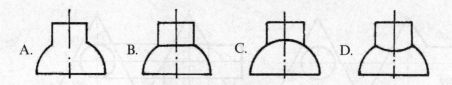

4. 已知左视图如下图所示,主视图相贯线的正确画法应为_____。

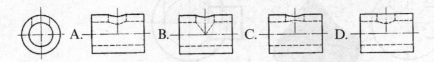

5. 下图中正确的主视图应为_____。

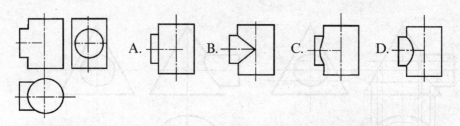

6. 下图中正确的左视图应为_____。

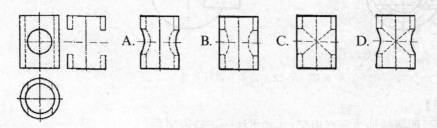

7. 在一圆管管壁上钻孔,圆孔的轴线与圆管的轴线垂直相交,则圆管内壁的相贯线与圆管外壁的相贯线相比_____。

    A. 弯曲程度较大   B. 弯曲程度相同

    C. 弯曲程度较小   D. 以上均不正确

8. 当两个回转体相交,且外切于同一圆球时,相贯线为_____。

    A. 一个椭圆   B. 两个椭圆

    C. 相交二直线   D. 圆

任务 4　轴承座投影的绘制

【任务描述】

    任何机器零件,从形体的角度来分析,都可以看成是由一些简单的基本形体经过叠加、切割或穿孔等方式组合而成的。这种由两个或两个以上的基本体组合构成的整体称为组合体。掌握组合体的画图和读图方法十分重要,将为进一步学习零件图的绘制和识读打下基础。组合体的组合形式、连接方法、画图规律、尺寸标注及读图技巧是本任务研究的内容。

　　轴承座的立体图见图 2-4-1(a)。轴承座由上部分的凸台、轴承、支承板、底板及肋板组成。凸台和轴承是两个垂直相交的空心圆柱体，在外表面和内表面上都有相贯线。支承板、肋板和底板分别是不同形状的平板。支承板的左、右侧面都与轴承的外圆柱面相切，肋板的左、右侧面与轴承的外圆柱面相交，底板的顶面与支承板、肋板的底面相互重合叠加，见图 2-4-1(b)。

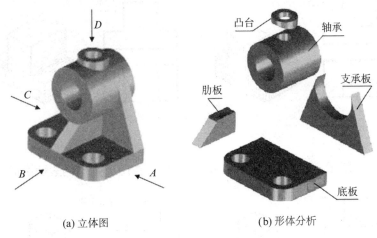

(a) 立体图　　　　　　　　　　(b) 形体分析

图 2-4-1　轴承座

【学习目标】

（1）能判别组合体的各种组合形式；

（2）能正确绘制叠加式、挖切式组合体；

（3）能运用形体分析法、线面分析法识读组合体视图。

【相关知识】

　　组合体的组合形式、连接方法、画图规律、尺寸标注及读图技巧是本任务研究的内容。任何复杂的形体都可以看成是由一些基本形体按照一定的连接方式组合而成的。基本形体包括前面讲述的平面基本体和回转体。而由基本形体组成的复杂形体称为组合体。

一、组合体的组合形式

　　组合体的组合形式分为叠加、切割、综合三种。图 2-4-2(a)所示属于叠加式，图 2-4-2(b)所示属于切割式，图 2-4-2(c)所示属于综合式。

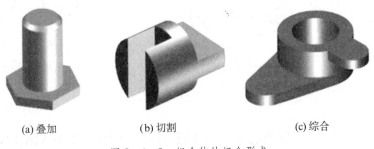

(a) 叠加　　　　　　(b) 切割　　　　　　(c) 综合

图 2-4-2　组合体的组合形式

二、组合体各基本体间表面的连接关系

组合体各基本体间表面的连接关系可分为平齐、不平齐、相切、相交四种情况。

（一）平齐

如图2-4-3所示，上下两形体的前表面平齐、共面，结合处没有界线，在主视图相应处不应画线。

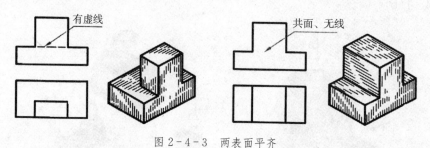

图2-4-3 两表面平齐

（二）不平齐

如图2-4-4所示，上下两形体的前表面相错，主视图应画出两表面之间的界线。

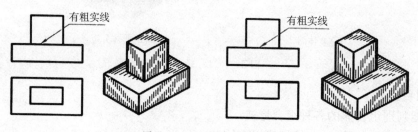

图2-4-4 两表面不平齐

（三）相切

如图2-4-5所示，底板的前后平面分别与圆柱面相切，在主、左视图的所指处不应画线。

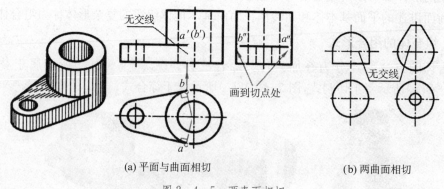

(a) 平面与曲面相切　　　　　　　　(b) 两曲面相切

图2-4-5 两表面相切

（四）相交

如图2-4-6所示，底板的前后平面分别与圆柱面相交，在主视图中应画出交线的投影。

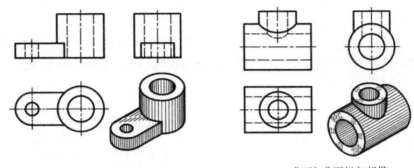

(a) 平面与曲面相交　　　　　　　　　(b) 曲面与曲面相交(相贯)

图 2-4-6　两表面相交

三、形体分析法

形体分析法是组合体读图、画图和尺寸标注的基本方法。形体分析就是按照其组成方式分解为若干形体，以便弄清楚各基本形体的形状、相对位置和表面连接关系。这是一种分析与综合的思维方法，在以后的任务中将广泛使用。

四、组合体三视图的画法

形体分析法：根据物体的形状特点，将其分解成若干基本形体，分析各基本形体之间的相对位置和表面连接关系，从而正确画出物体的投影。

线面分析法：对于用切割方式形成的组合体，常常利用"视图上的每个封闭线框、各线框之间的关系、每一根线条"的投影特性，对物体上主要表面的投影进行分析、检查，可以快速、正确地画出图形。

画组合体视图时，以形体分析法为主、线面分析法为辅。

（一）叠加型组合体的视图画法

下面以图 2-4-1(a)所示的轴承座为例，介绍画组合体三视图的一般方法和步骤。

1. 形体分析

画三视图之前，首先应对组合体进行形体分析，分析组合体由哪几部分组成、各部分之间的相对位置、相邻两基本体的组合形式、是否产生交线等。如图 2-4-1(b)所示，轴承座由上部分的凸台、轴承、支承板、底板及肋板组成。凸台与轴承是两个垂直相交的空心圆柱体，在外表面和内表面上都有相贯线。支承板、肋板和底板分别是不同形状的平板。支承板的左、右侧面都与轴承的外圆柱面相切，肋板的左、右侧面与轴承的外圆柱面相交，底板的顶面与支承板、肋板的底面相互重合叠加。

2. 选择视图

选择视图首先要确定主视图。一般是将组合体的主要表面或主要轴线放置在与投影面平行或垂直位置，并以最能反映该组合体各部分形状和位置特征的方向作为主视图。同时还应考虑到：使其他两个视图上的虚线尽量少一些；尽量使画出的三视图长大于宽。后两点不能兼顾时，以前述形体特征原则为准。如图 2-4-1(a)所示，沿 B 向观察，所得视图满足上述要求，可以作为主视图。主视图方向确定后，其他两视图的方向则随之确定。

3. 选择比例和图幅

根据组合体的复杂程度和实际大小，选择国标规定的比例并选定图幅。选择图幅时，应充分考虑到视图、尺寸及标题栏等的大小和位置。

4. 布置视图，画作图基准线

根据组合体的总体长、宽、高尺寸，通过简单计算，将各视图均匀地布置在图框内。各视图位置确定后，用细点画线及细实线画出作图基准线。作图基准线一般为底面、对称面、主要端面、主要轴线等，见图 2-4-7(a)。

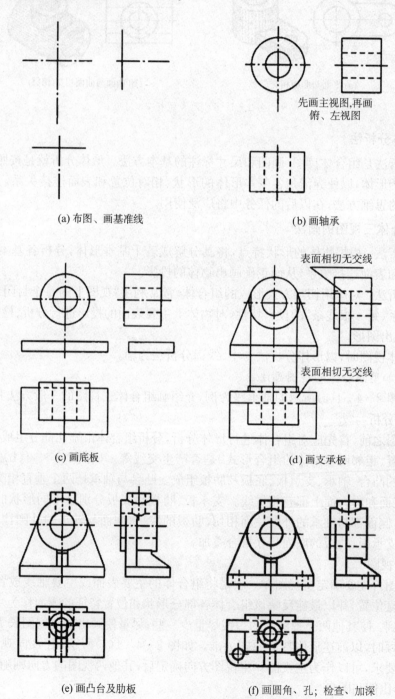

(a) 布图、画基准线

(b) 画轴承
先画主视图，再画俯、左视图

(c) 画底板

(d) 画支承板
表面相切无交线
表面相切无交线

(e) 画凸台及肋板

(f) 画圆角、孔；检查、加深

图 2-4-7　叠加型组合体三视图的画法

5. 画底稿

依次画出每个基本形体的三视图,见图 2-4-7(b)~(f)。画底稿时应注意以下两点。

(1) 在画各基本形体的视图时,应先画主要形体,后画次要形体;先画可见的部分,后画不可见的部分。如图中先画轴承和底板,后画支承板和肋板。

(2) 画每一个基本形体时,一般应该将三个视图对应着一起画,先画反映实形或有特征的视图,再按投影关系画其他视图,如图中的轴承先画主视图、凸台先画俯视图、支承板先画主视图等。尤其要注意按投影关系正确地画出平行、相切和相交处的投影。

6. 检查、描深

检查底稿,改正错误,然后再按不同线型描深,见图 2-4-7(f)。

(二) 切割型组合体的视图画法

如图 2-4-8(a)所示,组合体可看作由长方体切去基本形体 Ⅰ,Ⅱ,Ⅲ,Ⅳ 而形成。切割型组合体视图的画法是在形体分析的基础上,结合线面分析法作图,即根据表面的投影特征来分析组合体各表面的性质、形状和相对位置,从而进行画图和读图的方法。

画切割体三视图时应注意以下几点:

(1) 首先画出未作任何切割之前的基本体投影,见图 2-4-8(b)。

(2) 作每个切口投影时,应先从反映形体特征轮廓且具有积聚性投影的视图开始,再按投影关系画出其他视图。例如切割 Ⅰ 时,如图 2-4-8(c)所示,先画切口的主视图,再画出俯、左视图中的图线;画切割 Ⅱ 和 Ⅲ 时,如图 2-4-8(d)和(e)所示,先画出切口的俯视图,再画出主、左视图中的图线;画切割 Ⅳ 时,如图 2-4-8(f)所示,先画圆柱孔的左视图,再画出主、俯视图中的图线。

(3) 注意切口截面投影的类似性。图 2-4-8(f)中的截平面 P 为正垂面,其投影特点应是在主视图中为一斜线,俯、左视图中为两个与真实形状相类似的多边形。其投影分别为 P',P,P''。

五、组合体的尺寸标注

机件的视图只表达机件的结构形状,而它的真实大小必须由视图上标注的尺寸来确定。尺寸是机件图样的一项重要内容。它不仅能够准确地表达机件的形状、大小,更重要的是,它是机件制造、加工、测量的依据。因此,尺寸标法的任何错误或疏忽都会给生产造成损失。工程技术人员必须掌握尺寸的正确标注方法,严格遵守国标的有关规定(GB/T 16675.2—1996,GB/T 4458.4—2003),严肃认真、准确无误地标注每一个尺寸。

(一) 基本体的尺寸标注

由于组合体是由基本体经过叠加、切割而成的,因此,要掌握组合体的尺寸标注,必须先熟悉和掌握基本体的尺寸标注方法。

1. 平面基本体的定形尺寸

如图 2-4-9 所示,平面基本体的尺寸应根据其具体形状进行标注,一般应标出长、宽、高三个方向的尺寸。

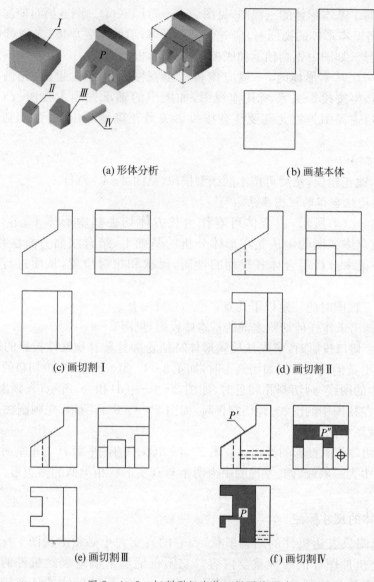

(a) 形体分析　　　　　　　　(b) 画基本体

(c) 画切割 I　　　　　　　　(d) 画切割 II

(e) 画切割 III　　　　　　　　(f) 画切割 IV

图 2-4-8　切割型组合体三视图的画法

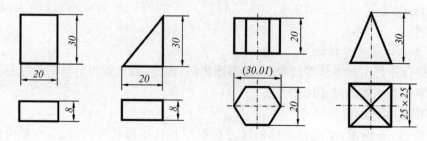

图 2-4-9　平面基本体的尺寸标注

棱柱、棱锥的尺寸由两部分组成，其一是棱柱底面的定形尺寸，其二是棱柱的高度尺寸。在标注正六棱柱底面的定形尺寸时，只需标注底面正六边形的对角线长度(或对边的距离)即可；在标注正三棱柱底面的定形尺寸时，只需标注底面正三角形的外接圆直径ϕ即可；另外，在标注正方形的尺寸时，可在正方形边长尺寸的数字前加注"□"或用"$B \times B$"的形式，B为正方形的边长。

棱台的尺寸由三部分组成，即棱台两底面的定形尺寸和棱台的高度尺寸。

2. 回转体的定形尺寸

回转体的定形尺寸见图2-4-10。

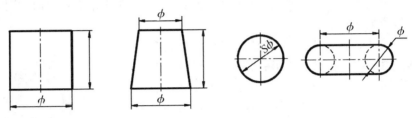

图2-4-10　回转体的尺寸标注

圆柱、圆锥的尺寸由两部分组成，即底面的定形尺寸和高；圆台的尺寸由三部分组成，即圆台两底面的定形尺寸和圆台的高度尺寸；球的尺寸只有一个，即圆球的直径；环的尺寸由两部分组成，即圆环圆母线的直径和圆环圆母线绕轴线回转的回转直径。

3. 带切口形体的尺寸

对于带切口的形体，除了标注基本体的尺寸外，还要注出确定截平面位置的尺寸。必须注意，由于形体与截平面的相对位置确定后，切口的交线已完全确定，因此不应在交线上标注尺寸。图2-4-11中打"×"的都是不应该标注的。

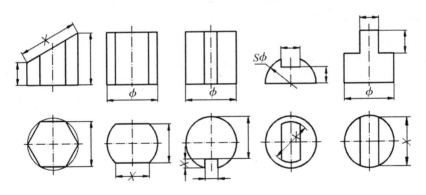

图2-4-11　带切口形体的尺寸标注

(二) 组合体的尺寸标注

组合体标注尺寸的基本要求是：正确、完整、清晰、合理。即组合体的尺寸标注要符合国标中的有关规定；尺寸标注既不能遗漏，也不能重复；尺寸标注在视图的明显位置，使图面清晰，便于看图。

1. 组合体的尺寸

组合体标注尺寸的基本方法是形体分析法。组合体的尺寸根据它的作用可分为定形尺寸、定位尺寸和总体尺寸三类。

（1）定形尺寸。确定组合体中各基本几何体形状和大小的尺寸称为定形尺寸。一般较集中地标注在该基本几何体的特征视图上。

（2）定位尺寸。确定组合体中各基本几何体间相对位置的尺寸称为定位尺寸,确定尺寸位置的几何元素（点、直线、平面）称为尺寸基准。组合体在长、宽、高三个方向都有一个主要的尺寸基准。必要时,在某个方向可设辅助尺寸基准,同一方向的基准之间必须标注联系尺寸。

组合体的主要尺寸基准一般选择其对称平面、主要组成部分的轴线、端面和底面等。当组合体各部分的组合形式为叠加、相邻部分的表面平齐、对称平面重合时,其相应方向的定位尺寸可以省略不注。

（3）总体尺寸。确定组合体的总长、总宽、总高的尺寸称为总体尺寸,用它来描述该组合体所占空间的大小。必须注意：在标注组合体的尺寸时,其定形尺寸和定位尺寸在标注完整的情况下,若再加注总体尺寸,则出现重复尺寸,故加注一个总体尺寸的同时要减去一个同方向的定形尺寸。

图 2-4-12　支座立体图

2. 组合体视图的尺寸标注步骤

以图 2-4-12 所示的支座为例。

（1）在形体分析的基础上确定组合体长、宽、高三个方向的主要尺寸基准,见图 2-4-13(a)。

（2）标注各部分的定形尺寸,见图 2-4-13(b)。

（3）标注定位尺寸,见图 2-4-13(c)。

（4）标注总体尺寸,完成全图的尺寸标注,见图 2-4-13(d)。

3. 尺寸标注时的注意事项

标注尺寸时,除了要求完整外,为了便于读图,还要求标注得清晰、整洁。

（1）尺寸应尽量标注在表示形体特征最明显的视图上。

（2）同一基本形体的定形尺寸以及相关联的定位尺寸尽量集中标注,也便于阅读。

（3）尺寸应尽量注在视图的外侧,以保持图形的清晰。同方向的串联尺寸应尽量注在同一直线上。

（4）同心圆柱的直径尺寸尽量注在非圆视图上,而圆弧的半径尺寸则必须注在投影为圆弧的视图上。

（5）尽量避免在虚线上标注尺寸。

（6）尺寸线与尺寸界线,尺寸线、尺寸界线与轮廓线都应尽量避免相交。相互平行的并联尺寸应按"小尺寸在内,大尺寸在外"的原则排列。

（7）内形尺寸和外形尺寸最好分别注在相应视图的两侧。

实际标注尺寸时,有时会遇到以上各项原则不能兼顾的情况,这时就应在保证尺寸标注正确、完整的前提下,灵活掌握,力求清晰。

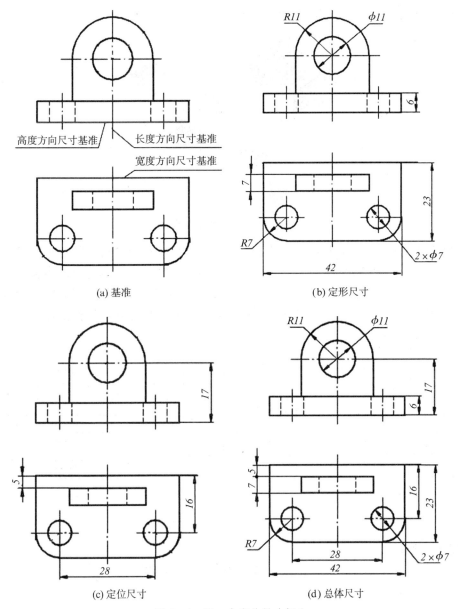

图 2-4-13　支座的尺寸标注

【任务实施】

模块　切割型组合体视图的绘制

〖任务要求〗

画出图 2-4-14 所示的切割型组合体的视图。

〖任务准备〗

图纸、铅笔、直尺、橡皮、圆规等。

〖任务操作〗

从图 2-4-14 所示的组合体可知,该组合体是由一个长方体切出一个棱柱体后,在左侧开圆槽,又在上部切割一个梯形槽而形成的。

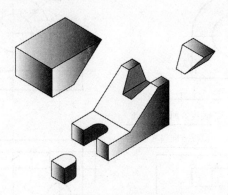

图 2-4-14　切割型组合体

作每个切口投影时,应先从反映形体特征轮廓且具有积聚性投影的视图开始,再按投影关系画出其他视图。如图 2-4-15(a)所示,第一次切割时,先画切口的主视图,再画出俯、左视图中的图线;如图 2-4-15(b)所示,第二次切割时,先画圆槽的俯视图,再画出主、左视图中的图线;如图 2-4-15(c)所示,第三次切割时,先画梯形槽的左视图,再画出主、俯视图中的图线。

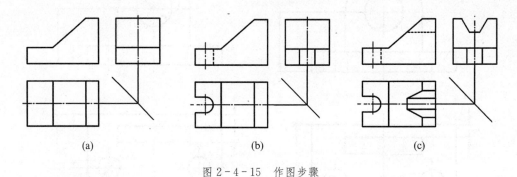

(a)　　　　　　　　　　(b)　　　　　　　　　　(c)

图 2-4-15　作图步骤

【任务评价】

切割型组合视图的画法是在形体分析的基础上,结合线面分析法作图。

【任务拓展】

画图和读图是学习本课程的两个重要环节。画图是将空间形体用正投影法表达在平面上;而读图则是依据正投影原理,根据平面视图想象出空间形体的形状。要能正确、迅速地读懂视图,必须掌握读图的基本要领和基本方法,培养空间想象力和形体构思能力,并通过不断实践,逐步提高读图能力。

一、读图的基本要领

(一)将几个视图联系起来看

一个视图一般不能完全确定形体的形状,例如:图 2-4-16 所示的五组视图,它们的主视图都相同,但实际上是五个不同的形体;图 2-4-17 所示的四组视图,它们的主、俯视图都相同,但也表示了四个不同的形体。

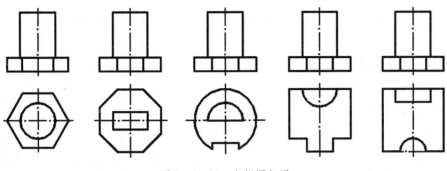

图 2-4-16　主视图相同

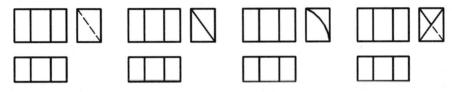

图 2-4-17　主视图、俯视图均相同

由此可见,读图时,一般要将几个视图联系起来阅读、分析和构思,才能弄清形体的形状。

（二）寻找特征视图

特征视图就是将形体的形状特征及相对位置反映得最充分的那个视图。如图 2-4-18 所示,主视图反映了Ⅰ和Ⅱ的形体特征,而俯、左视图反映了Ⅲ和Ⅳ的形体特征。从特征图入手,再配合其他视图,就能较快地认清形体。

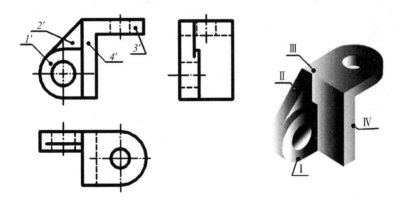

图 2-4-18　寻找特征视图

（三）了解视图中的线框和线条的含义

弄清视图中线框和图线的含义是看图的基础,下面以图 2-4-19 为例说明。

视图中的一个封闭线框,一般是形体上不同位置平面或曲面的投影,也可以是孔的投影。任何相邻的两个封闭线框,应是形体上相交的两个面的投影,或是同向错位的两个面的投影。大线框套小线框,应是形体上有凹、凸结构。

视图中的每一条图线,可以是曲面转向轮廓线的投影,如图 2-4-19 中直线 3′是圆柱的转向轮廓线；也可以是两表面交线的投影，如图中直线 2′（平面与平面的交线）；还可以是面的积聚性投影。

二、读图的基本方法

（一）形体分析法

形体分析法是组合体读图的基本方法。其思路是：首先在反映形状特征比较明显的主视图上按线框将组合体划分为几个部分，即几个基本体；然后通过投影关系找到各线框所表示的部分在其他视图中的投影，从而分析各部分的形状以及它们之间的相对位置；最后综合起来想象组合体的整体形状。

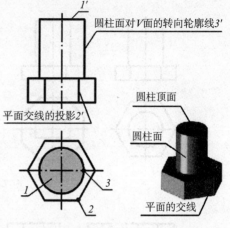

图 2-4-19　线框和线条的含义

下面以图 2-4-20 所示的组合体为例，说明用形体分析法读图的方法。

1. 划线框分基本体

组合体的三视图见图 2-4-21，从视图中分离出表示各基本形体的线框，将主视图分为两个线框，其分别代表 Ⅰ 和 Ⅱ 两个基本形体。

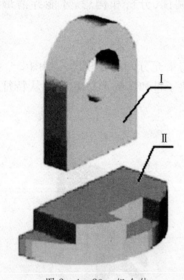

图 2-4-20　组合体

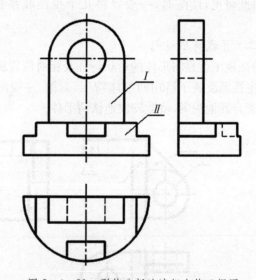

图 2-4-21　形体分析法读组合体三视图

2. 对投影想各基本体形状

分别找出各线框对应的其他投影，并结合各自的特征视图逐一构思它们的形状。线框 Ⅰ 表示一块平行于正面的板，在其中挖去一个圆柱通孔后形成的立体。线框 Ⅱ 表示在半圆平板的左、右上角和中间上方各切去一块后形成的立体。

3. 结合起来想整体

根据各部分的形状和它们的相对位置综合想像出整体形状。Ⅰ 位于 Ⅱ 的上方，左右对中且两基本体后方对齐。

（二）线面分析法

当形体被多个平面切割、形体的形状不规则或在某视图中形体不同部分的投影重叠时，应用形体分析法往往难以读懂。这时，需要运用线、面投影理论来分析形体的表面形状、面与面的相对位置及面与面之间的交线，并借助形体构思来想像形体的形状。这种方法称为线面分析法。

下面以图2-4-22所示的压块为例，说明线面分析法的读图方法。

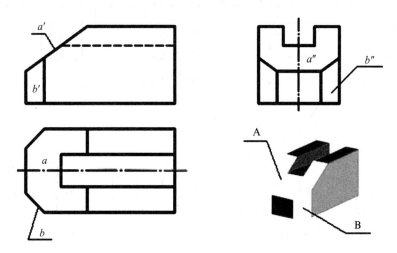

图2-4-22　线面分析法读组合体视图

1. 确定形体的整体形状

由于组合体的三个视图的外形轮廓基本上都是长方体，主、俯视图上有缺角和左视图上有缺口，可以想象出该组合体是由一个长方体被切割掉若干部分形成的。

2. 确定切割面的位置和截断面的形状

线框A：根据投影面垂直面的投影特点，可判断a面是一个正垂面。

线框B：根据投影面垂直面的投影特点，可判断b面是前后对称的两个铅垂面。

左视图的缺口：表示在长方体的上部中间，用前后对称的两个正平面和一个水平面切割了一个侧垂的矩形通槽。

3. 综合想像整体形状

搞清楚各截断面的形状和空间位置后，结合基本形体形状，并进一步分析视图中的线框及图线的含义，可以综合想像出整体形状，见图2-4-22。

读组合体的视图常常是以上两种方法并用，以形体分析法为主、线面分析法为辅。

【课后练习】

1. 在视图中，当两形体表面相交时，两形体的相交处_____；当两形体表面相切时，两形体的相切处_____。

    A. 必有交线/不该有交线　　　　　　B. 必有交线/必有交线

    C. 不该有交线/不该有交线　　　　　D. 不该有交线/必有交线

2. 组合体画图和看图的方法宜采用_____。

    A. 形体分析法　　　　　　　　　　　B. 形体分析法辅以线面分析法

    C. 三视图　　　　　　　　　　　　　D. 正投影

3. 根据下图所示的立体图,其正确的三视图_____。

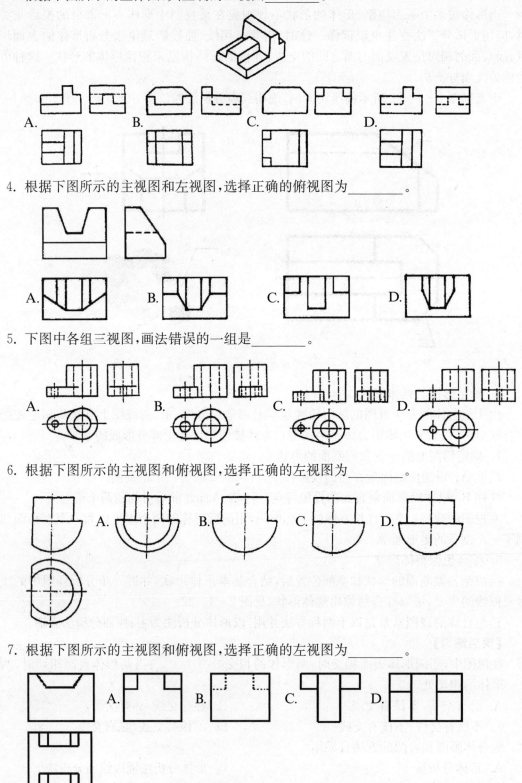

4. 根据下图所示的主视图和左视图,选择正确的俯视图为_____。

5. 下图中各组三视图,画法错误的一组是_____。

6. 根据下图所示的主视图和俯视图,选择正确的左视图为_____。

7. 根据下图所示的主视图和俯视图,选择正确的左视图为_____。

8. 根据下图所示的主视图和俯视图,选择正确的左视图为_____。

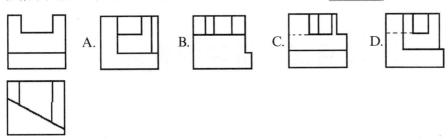

A.　　B.　　C.　　D.

9. 下图中的尺寸标注中,最合理的是_____。

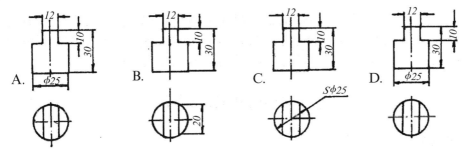

A.　　B.　　C.　　D.

项目三　机件的表达

项目概述

工程实际中，机件的形状是多种多样的，有些机件的内、外形状比较复杂，如果仅用主、俯、左三视图，往往不能完整、清楚地表达。为此，国标规定了视图、剖视图和断面图等基本表示法，以方便清楚、简单、完整、正确地表达各类不同结构形状的机件。

任务1　机件视图的表达

【任务描述】

根据有关标准规定，用正投影法绘制出的物体的图形，称为视图。视图主要表达机件的外部结构形状，对机件中不可见的结构形状在必要时才用细虚线画出，见图3-1-1。

各种物体的外部结构具有不同的特点，为了清楚表达，视图分为基本视图、向视图、局部视图和斜视图四种。

【学习目标】

(1) 能正确绘制和配置基本视图；

(2) 能正确绘制和标注向视图；

(3) 能正确绘制局部视图，并能合理配置和标注；

(4) 能正确绘制斜视图，并能合理配置和标注。

【相关知识】

一、基本视图

对于形状复杂的机件，仅用三视图不能完整、清晰地表达它的外、内部结构。这时，可在原有三个投影面的基础上，再增设三个投影面组成一个正六面体。如图3-1-2所示，将机件置于正六面体中，分别向六个表面投影所得图形，称为基本视图，六个表面为基本投影面。

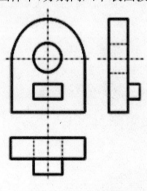

图3-1-1　三视图

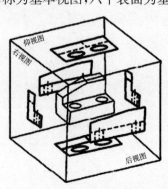

图3-1-2　基本投影面

六面体的展开见图 3-1-3,规定正面不动,将其他表面按图示方向展开。

基本视图的名称及配置见图 3-1-4。在一张图纸上,按规定位置配置的视图,一律不标注视图名称。六个基本视图仍保持"长对正、高平齐、宽相等"的三等关系,即仰视图与俯视图同样反映物体长、宽方向的尺寸;右视图与左视图同样反映物体高、宽方向的尺寸;后视图与主视图同样反映物体长、高方向的尺寸。

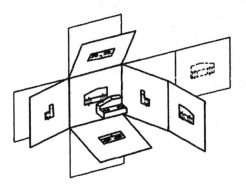

图 3-1-3　基本投影面的展开

图 3-1-4　基本视图的名称及配置

实际画图时,无须将六个基本视图全部画出,应根据机件的复杂程度和表达需要,选用其中必要的几个基本视图。若无特殊情况,优先选用主、俯、左视图。

二、向视图

为了合理布置图面或受图纸幅面限制,可以将视图自由地配置在适当的位置。可以自由配置的视图称为向视图,见图 3-1-5。

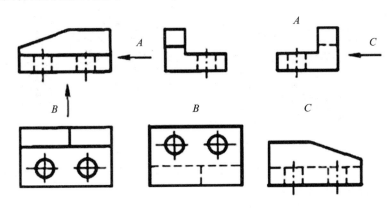

图 3-1-5　向视图

向视图必须在图形上方中间位置标注出视图名称"×"("×"为大写拉丁字母,下同),并在相应的视图附近用箭头表示投影方向,标注相同的字母。

三、局部视图

将机件的某一部分向基本投影面投影所得的视图称为局部视图,见图 3-1-6。

局部视图的配置、标注及画法:

(1)一般应在局部视图的上方标出视图名称"×",在相应视图附近用箭头指明投影方向,并注上同样的字母。

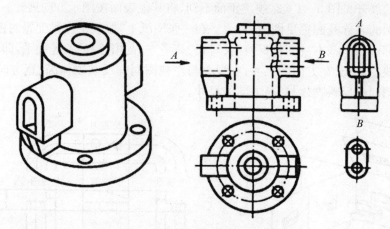

图 3-1-6　局部视图

（2）当局部视图按投影关系配置，中间又无其他图形隔开时，可省略标注，如可省略图 3-1-6 中的 A。

（3）局部视图的断裂边界用波浪线或双折线表示。当所表达的局部结构完整且外形轮廓线自行封闭时，波浪线可省略不画，如图 3-1-6 中的 B。

四、斜视图

使机件倾斜部分向不平行于任何基本投影面的平面投影所得的视图称为斜视图，见图 3-1-7。

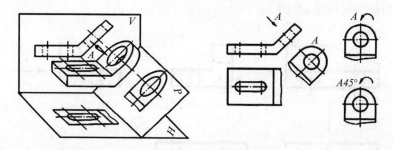

图 3-1-7　斜视图

画斜视图时应注意：斜视图只表达机件上的倾斜结构，画出倾斜结构的实形后，机件的其余部分不用画出，用波浪线或双折线断开即可。

视图一般按箭头所指的方向配置，也允许将斜视图平移到其他适当的位置。在不引起误解时，还允许将斜视图旋转后画出。旋转方向用圆弧箭头表示，表示视图名称的大写拉丁字母应靠近旋转符号的箭头端。

【任务实施】

模块　斜视图、局部视图的表达

〖任务要求〗

在指定位置画出图 3-1-8 所示零件的 A 斜视图和 B,C 局部视图。

〖任务准备〗

图纸、铅笔、直尺、橡皮、圆规、分规等。

〖任务操作〗

图3-1-8所示的弯头法兰上部倾斜,所以俯视图和左视图不能反映实形,画图困难,表达不清楚。选择主视图反映弯头法兰的整体结构,为了清晰表达倾斜部分结构,可按照图3-1-9所示在平行于倾斜部分的正垂面上作出斜视图A,以反映实形。因为斜视图只表达倾斜部分的局部形状,所以画出实形后,用波浪线断开,其余部分的轮廓线不必画出。

图3-1-8 弯头法兰

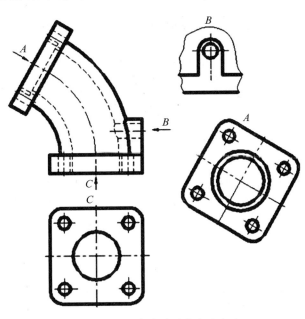

图3-1-9 弯头法兰的表达方法

右侧耳板因为没有独立的边界,所以必须要用波浪线将耳板的局部视图与其余部分分开,如果不按照投影关系配置还需要进行标注。

弯头下部的局部视图如果不按投影关系配置,必须进行标注。

图3-1-9所示为弯头法兰的表达方法。

【任务评价】

在完整、正确表达弯头法兰的前提下,零件的表达要简单、清晰,视图的数量越少越好,如果局部视图 B 和 C 按照投影关系配置,可以省略标注。斜视图的标注和配置应按照向视图标注,必要时,允许将斜视图旋转后配置到适当的位置,此时,应加注旋转符号。

【任务拓展】

对于图3-1-10所示的压紧杆,选择最佳的表达方法进行绘制。

由于压紧杆的耳板是倾斜的,所以它的俯视图和左视图都不反映实形,为了清晰地表达压紧杆的倾斜结构,可采用斜视图来表达倾斜部分的真实形状。

另外,右上方的凸台可采用局部视图的表达方法,可省去画

图3-1-10 压紧杆

出整个右视图。

综上所述,可采用如图 3-1-11 所示的表达方法。

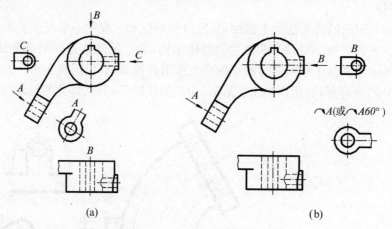

图 3-1-11 压紧杆的表达方法

【课后练习】

1. 视图主要用于表达物体的_____部形状,一般只画出物体的_____部分,必要时才画出其_____部分。

   A. 内/可见/不可见　　　　　　　　　　　B. 外/可见/不可见

   C. 外/不可见/可见　　　　　　　　　　　D. 内/不可见/可见

2. 基本视图是_____。

   A. 物体向不平行于任何基本投影面的平面投射所得的视图

   B. 将物体的某一部分向基本投影面投射所得的视图

   C. 物体向基本投影面投射所得的视图

   D. 假想将物体的倾斜部分绕其自身的回转轴线旋转到与某一选定的基本投影面平行后再向该投影面投射所得的视图

3. 局部视图是_____。

   A. 物体向不平行于任何基本投影面的平面投射所得的视图

   B. 将物体的某一部分向基本投影面投射所得的视图

   C. 物体向基本投影面投射所得的视图

   D. 假想将物体的倾斜部分绕其自身的回转轴线旋转到与某一选定的基本投影面平行后再向该投影面投射所得的视图

4. 斜视图是_____。

   A. 物体向不平行于任何基本投影面的平面投射所得的视图

   B. 将物体的某一部分向基本投影面投射所得的视图

   C. 物体向基本投影面投射所得的视图

   D. 某一基本视图的局部图形

5. 上方标注"×"的视图为_____。

   A. 局部视图　　　　　　　　　　　　　　B. 斜视图

   C. 旋转视图　　　　　　　　　　　　　　D. 局部剖视图

任务 2 机件剖视图的表达

【任务描述】

如图 3-2-1 所示,当机件的内部形状比较复杂时,在视图中就会出现许多虚线,视图中的各种图形纵横交错在一起,造成层次不清,影响图的清晰,且不便于绘图、标注尺寸和读图。为了解决机件内部形状的表达问题,减少虚线,国标规定采用假想切开机件的方法将内部结构由不可见变为可见,从而将虚线变为实线。

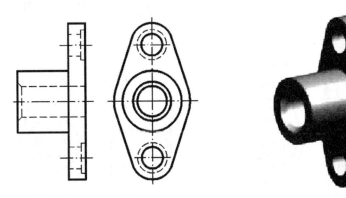

图 3-2-1 主视图中虚线较多

【学习目标】

(1) 能正确绘制剖视图;

(2) 能区分全剖、半剖、局剖,并正确标注;

(3) 能用斜剖、旋转剖、阶梯剖和复合剖的方法完成机件的剖视图表达。

【相关知识】

一、剖视图的基本概念

(一) 剖视图的形成

假想用一个或数个剖切面剖开机件,将处在观察者与剖切面之间的部分移去,而将其余的部分向投影面投影所得的图形,称为剖视图,见图 3-2-2(b)。

(二) 剖面符号

在剖视图中,剖切平面剖到的机件实体部分,应画上与该材料相应的剖面符号,以便区别机件的实体与空腔部分。

国标规定金属材料的剖面符号是与水平倾斜 45°角且间隔均匀的细实线,非金属材料的剖面符号是与水平倾斜 45°角的双向交叉且间隔均匀相等的细实线。

当图形中的主要轮廓线与水平线成 45°角时,该图形的剖面线应画成与水平线成 30°或 60°角的平行线,其倾斜方向应与其他图形的剖面线一致。

同一物体的剖面线应间隔相等、方向一致。

(三) 剖视图的标注

剖视图一般应标注(见图 3-2-2(c)),标注的内容包括以下 3 个要素。

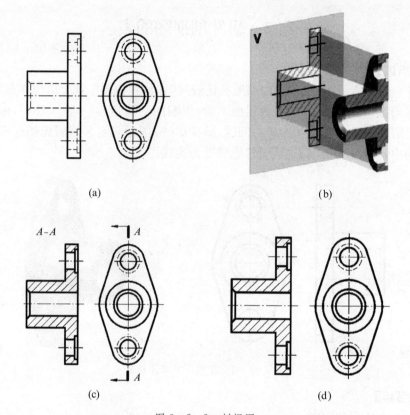

图 3-2-2 剖视图

（1）剖切线：表示剖切面的位置，用细点画线表示，通常省略不画。

（2）剖切符号：表示剖切面起止和转折位置（用粗短线表示）及投影方向（用箭头表示）的符号，在剖切面的起、迄和转折处标注与剖视图名称相同的字母。

（3）字母：表示剖视图的名称，用大写拉丁字母注写在剖视图的上方。

（四）省略标注的几种情况

（1）当单一剖切面通过机件的对称平面或基本对称平面，且剖视图按投影关系配置，中间没有其他图形隔开时，可不标注，见图 3-2-2(d)。

（2）当剖视图按基本视图或投影关系配置时，可省略箭头。

（五）画剖视图时的注意事项

（1）剖切是假想的，所以将一个视图画成剖视图后，其他视图仍应按完整的机件画出，如图 3-2-2 中的左视图。也可根据需要，同时在一组视图中的几个视图上采用剖视。

（2）画剖视图时，剖切面后面的可见部分一定要全部画出，剖切面后面的不可见轮廓线一般不画，只有对尚未表达清楚的结构，采用虚线表示。

二、剖视图的种类

常用的剖视图有全剖视图、半剖视图、局部剖视图、斜剖视图、旋转剖视图、阶梯剖视图和复合剖视图七种。

（一）全剖视图

假想用剖切面完全剖切机件所得的剖视图称为全剖视图，主要用于内形复杂的不对称机件，见图3-2-3。

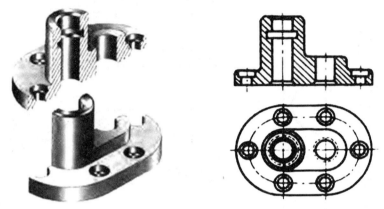

图3-2-3　全剖视图

（二）半剖视图

当机件具有对称平面时，在垂直于对称平面的投影面上投影所得的图形，可以对称轴线分界，一半画成剖视，另一半画成视图，这样的图形称为半剖视图，见图3-2-4。

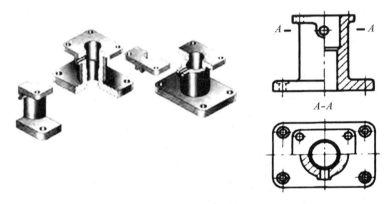

图3-2-4　半剖视图

半剖视图既表达了机件的内部形状，又保留了外部形状，所以常用于内、外形状都比较复杂的对称机件。

画半剖视图时应注意以下两点：

（1）半个视图与半个剖视图的分界线应为细点画线，不能画成粗实线。如有轮廓线与对称线重合，则应采取其他剖视图（如局部剖视图）。

（2）机件内部形状已经在半剖视图中表达清楚的，在另一半视图中不再画出虚线。

当机件的形状接近对称，且不对称部分已另有图形表达清楚时，也可画成半剖视图，见图3-2-5。

（三）局部剖视图

假想用剖切面局部地剖开机件所得的剖视图,称为局部剖视图,见图3-2-6。

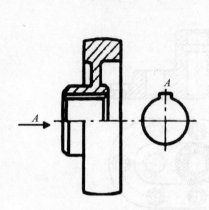

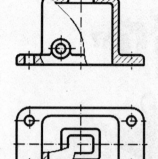

图3-2-5　接近对称的半剖视图　　　　　　图3-2-6　局部剖视图

局部剖视图一般不需要标注,局部剖视图与视图之间要用波浪线分界。

局部剖视图是一种比较灵活的表示方法,不受图形的限制,一般用于下列情况:

（1）当机件个别部分的内部结构尚未表达清楚,但又不宜进行全剖时,可采用局部剖视图。

（2）在对称机件的轮廓线与对称中心线重合而不宜采用半剖视图的情况下,可采用局部剖视图,见图3-2-7。

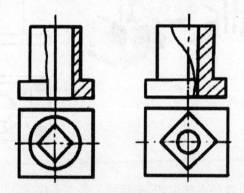

图3-2-7　棱线与对称中心线重合时采用局部剖视图

三、剖切面的种类和剖切方法

国标规定,根据物体的结构特点,可选择以下几种剖切面剖开物体。

（一）单一剖切面

一般用平面剖切机件,也可用柱面剖切机件。

1. 用平行于某一基本投影面的平面剖切

此方法是最常用的一种剖切方法,前面所讲的三种剖视图实例均为此法的应用。

2. 用柱面剖切

采用柱面剖切机件时,剖视图应展开绘制,见图3-2-8。

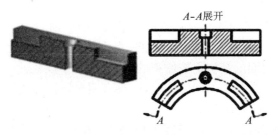

图 3 - 2 - 8　单一柱面剖切

3. 斜剖

用不平行于任何基本投影面的单一剖切面来剖切机件,再投影到与剖切平面平行的投影面上,这种方法称为斜剖,见图 3-2-9。

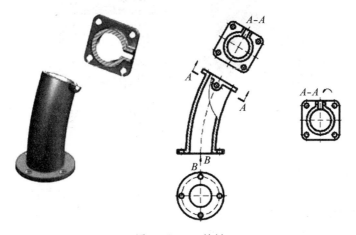

图 3 - 2 - 9　斜剖

在画斜剖时,必须标出剖切位置,并用箭头指明投影方向,注明剖视名称。必要时允许将图形转正,并加注旋转符号,见图 3-2-9。

(二)两个相交的剖切平面

用两个相交的剖切平面剖开机件,并将被倾斜剖切平面剖到的结构要素及其有关部分旋转到与选定的投影面平行,然后进行投影,这种方法叫做旋转剖,见图 3-2-10。

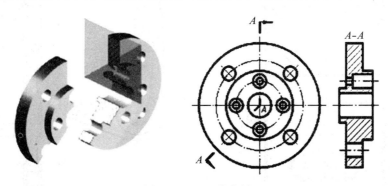

图 3 - 2 - 10　旋转剖

采用旋转剖时应注意：

（1）几个相交的剖切平面的交线必须垂直于某一投影面。

（2）应按先剖切后旋转的方法绘制剖视图，此时旋转部分的某些结构与原图形不再保持投影关系，而剖切面后面的结构仍按原来的位置投影。

旋转剖适用于端盖、盘状类的回转体机件，具有明显回转轴线的机件也常采用。

（三）几个相互平行的剖切平面

用一组相互平行的剖切平面剖开机件的方法称为阶梯剖，见图3-2-11。阶梯剖的剖视图必须加以标注。

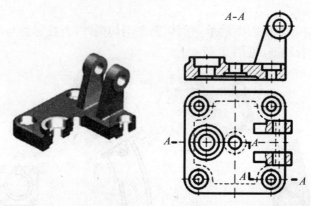

图3-2-11 阶梯剖

采用阶梯剖时应注意：

（1）因为剖切是假想的，所以在剖视图上不应画出剖切平面转折的界线。

（2）在剖视图中不应出现不完整要素，只有当两个结构要素在图形上具有公共对称中心线或轴线时，才可各画一半，见图3-2-12。

（四）组合的剖切面

除旋转剖、阶梯剖以外，用组合的剖切面剖开机件的方法，称为复合剖，见图3-2-13。画复合剖时，必须全部标注。

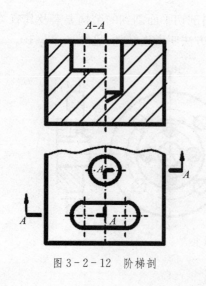

图3-2-12 阶梯剖

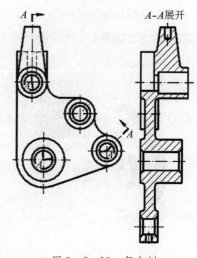

图3-2-13 复合剖

【任务实施】

模块 视图改成全剖视图

〖任务要求〗

将图3-2-14所示的主视图改成全剖视图。

〖任务准备〗

图纸、铅笔、直尺、橡皮、圆规、分规等。

〖任务操作〗

(1) 选择图3-2-14所示的俯视图中孔、槽的前后对称面为剖切平面的位置,标注可以省略。

(2) 将图3-2-14所示的主视图中剖切平面后的可见部分全部画出,即将虚线部分改成粗实线,剖切平面后面的不可见轮廓线省略不画,见图3-2-15。

(3) 在图3-2-15所示主视图的剖面区域内画上剖面线。

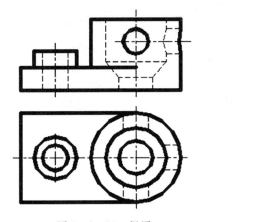

图3-2-14 视图

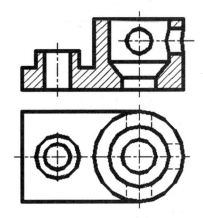

图3-2-15 全剖视图

【任务评价】

画剖视图的目的是表达机件的内部结构形状,所以应使剖切平面平行于剖视图所在的投影面,且尽量通过内部孔、槽的对称面或轴线,将剖切平面后可见的部分均用粗实线画出,剖切平面后不可见的部分一般不画,只有尚未清楚表达的结构采用虚线画出。

【任务拓展】

一、不同材料的剖面符号

不同材料的剖面符号见表3-2-1。

表3-2-1 不同材料的剖面符号

材料名称	剖面符号	材料名称	剖面符号
金属材料		转子/电枢等	

（续表）

材料名称	剖面符号	材料名称	剖面符号
非金属材料		液体材料	
木材		气体材料	

二、局部剖视图波浪线的画法

波浪线不能穿过中空处，不能与轮廓线重合，也不能超过轮廓线，见图3-2-16。

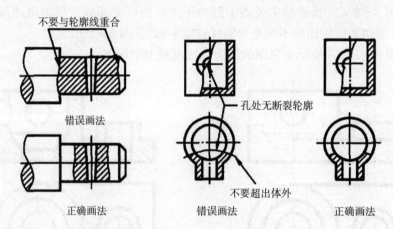

图3-2-16 波浪线的画法

【课后练习】

1. 为清楚地表达机件内部某一部位的详细结构，可采用_____。
   A. 全剖　　　　　　　　　　　　　B. 半剖
   C. 局部剖　　　　　　　　　　　　D. 阶梯剖

2. 采取旋转剖视时，应将倾斜断面_____投影，而倾斜剖面以外的结构_____投影。
   A. 倾斜/转正　　　　　　　　　　　B. 转正后/保持原位
   C. 单独/分开　　　　　　　　　　　D. 直接/直接

3. 指出下图中画法正确的一组视图为_____。

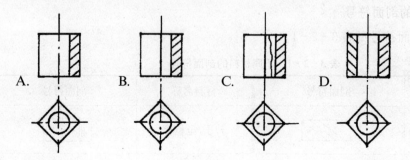

A. 　　　　B. 　　　　C. 　　　　D.

4. 下图中剖视图画法正确的是_____。

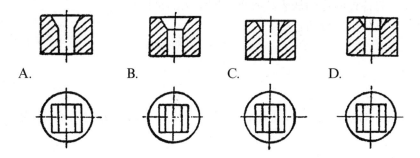

A.   B.   C.   D.

5. 下图中局部剖视图画法正确的为_____。

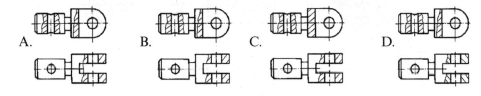

A.   B.   C.   D.

6. 下图所示"A-A ↰"图属于_____剖视。

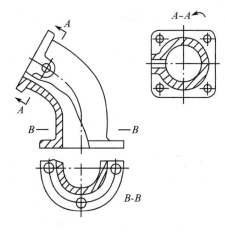

A. 旋转   B. 斜   C. 全   D. 局部

任务3 机件断面图的表达

【任务描述】

图3-3-1所示为一个带键槽的小轴。轴主体为不同直径的圆柱,为了清楚表达键槽部分,采用断面图的表达方法,即只画出某个横截面的形状。因此,需要掌握断面图的表达方式及其作图特点。

图3-3-1 小轴

【学习目标】

(1) 能正确绘制移出断面和重合断面,并合理标注;

（2）能用局部放大的画法表达机件局部的细小结构；

（3）能用国标规定的各种简化画法表达各种不同结构的机件；

（4）能区分第一分角和第三分角投影。

【相关知识】

一、断面图

（一）断面图的概念

假想用剖切面将机件的某处切断，仅画出该剖切面与机件接触部分的图形，称为断面图，见图 3-3-2。

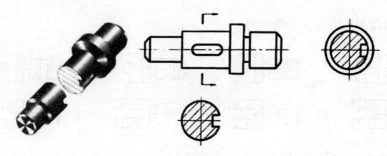

图 3-3-2　断面图

断面图常用于表达机件上某一部分的断面形状，如机件上的肋、轮辐、键槽、小孔、杆件和型材的断面等。

断面图与剖视图的区别是：断面图只画出机件被剖切的断面形状，而剖视图除了画出机件被剖切的断面形状以外，还要画出机件被剖切后留下部分的投影。

（二）断面图的种类

国标规定，断面图分为移出断面和重合断面两种。

1. 移出断面图

（1）移出断面的画法。画在视图之外的断面，称为移出断面，见图 3-3-3。

移出断面的轮廓线用粗实线绘制。为了便于看图，移出断面应尽量配置在剖切符号或剖切线的延长线上。必要时，可以将移出断面配置在其他适当地方。

当剖切平面通过回转面形成的孔或凹坑等结构的轴线时，这些结构应按剖视图绘制，见图 3-3-3（a）和（c）。

当剖切平面通过非圆孔，会导致两个完全分离的断面时，这些结构也应按剖视图绘制，见图 3-3-4。

剖切平面应与被剖切部分的主要轮廓线垂直。由两个或多个相交的剖切平面剖切所得到的移出断面图，中间应断开，见图 3-3-5。

（2）移出断面的标注：①移出断面一般应用剖切符号表示剖切位置，用箭头表示投射方向，并注上大写拉丁字母，在断面图的上方用同样的字母标出相应的名称"×-×"。②配置在剖切符号延长线上的不对称移出断面，可以省略字母。③当断面图按投影关系配置或断面图对称时，可以省略箭头。④画在剖切符号延长线上，并以该线为对称轴的对称断面图，以及画在视图中断处的对称断面图可以省略标注。

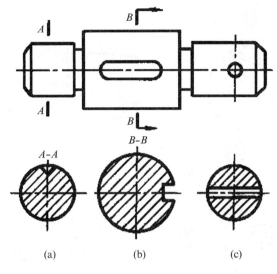

图 3-3-3　移出断面(一)

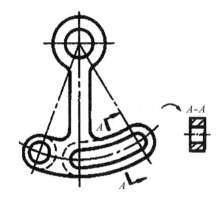

图 3-3-4　移出断面(二)

图 3-3-5　移出断面(三)

2. 重合断面图

(1) 重合断面的画法。画在视图之内的断面图形,称为重合断面,见图 3-3-6。

重合断面的轮廓线用细实线绘制。当视图中的轮廓线与重合断面的轮廓线重叠时,视图中的轮廓线仍连续画出,不可间断,见图 3-3-6(b)。

(2) 重合断面的标注。重合断面标注时一律不用字母,一般只用剖切符号和箭头表示剖切位置和投射方向;当重合断面图形对称时,可以省略标注。

二、局部放大图和其他画法

(一) 局部放大图

将机件的部分结构,用大于原图形所采用的比例画出的图形,称为局部放大图,见图 3-3-7。

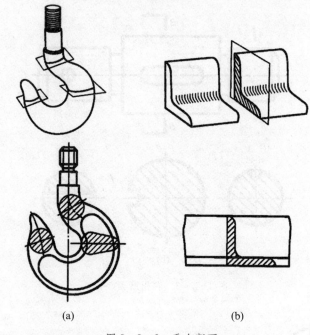

(a)   (b)

图 3-3-6 重合断面

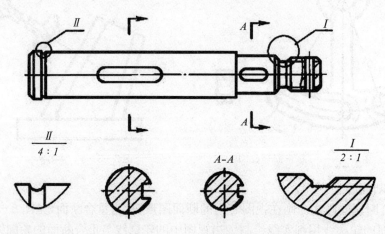

图 3-3-7 局部放大图

当同一机件上有几处需要放大时,可用细实线圈出被放大的部位,用罗马数字依次标明放大的部位,并在局部放大图的上方标注出相应的罗马数字和所采用的比例。对于同一机件上的不同部位,当图形相同或对称时,只需画出一个局部放大图。

(二)简化画法

(1)在不引起误解时,零件图中的移出断面允许省略剖面符号,但剖切位置和断面图的标注必须遵照原来的规定,见图 3-3-8。

(2)滚花、槽沟等网状结构,应用粗实线完全或全部地表示出来,但也可用简化表示法,不画出这些网状结构,只需按规定标注,见图 3-3-9。

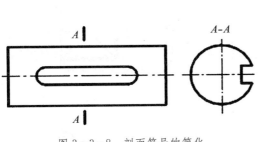

图 3-3-8 剖面符号的简化　　　　　　　图 3-3-9 网纹的简化

（3）零件中成规律分布的重复结构，允许只绘制出其中一个或几个完整的结构，并反映其分布情况，重复结构的数量和类型的表示应遵循有关要求。对称的重复结构用点画线表示各对称结构要素的位置；不对称的重复结构，则用相连的细实线代替，见图 3-3-10。

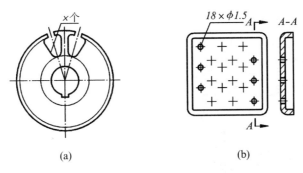

(a)　　　　　　　　　　　　(b)

图 3-3-10 重复结构的简化

（4）零件上的肋、轮辐、紧固件、轴，其纵向剖视图按不剖绘制，不画剖面符号，用粗实线将它们与其相邻部分分开；带有规则分布结构要素的回转零件，需要绘制剖视图时，可以将其旋转到剖切平面上绘制，如图 3-3-11 中的肋和孔，由于旋转后的剖视图中的孔是相同的，一侧的孔还可以简化成只画一条轴线。

（5）为了避免增加视图或剖视图，可用细实线绘出对角线表示平面，见图 3-3-12。

（6）圆柱形法兰和类似零件上均匀分布的孔，可按图 3-3-13 所示的方法绘出。

（7）在不致引起误解时，对称机件的视图可只画 1/2 或 1/4，并在对称中心线的两端画出 2 条与其垂直的平行细实线，作为对称符号，见图 3-3-14。

（8）较长的机件（轴、杆、型材、连杆等）沿长度方向的形状一致或按一定规律变化时，可断开后缩短绘制，但标注长度尺寸时，仍按未缩短时的实际长度标注。断裂处可用波浪线或双折线表示，见图 3-3-15。

（9）与投影面倾斜角度小于或等于 30°的圆或圆弧，其投影可用圆或圆弧代替，见图 3-3-16。

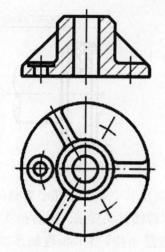

图 3 - 3 - 11 孔的简化

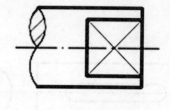

图 3 - 3 - 12 平面的简化

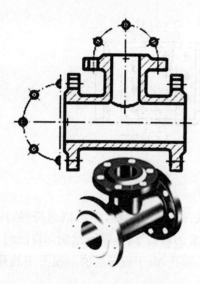

图 3 - 3 - 13 均匀分布孔的简化

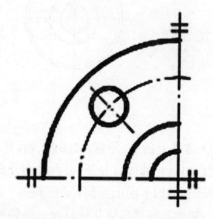

图 3 - 3 - 14 对称机件的简化

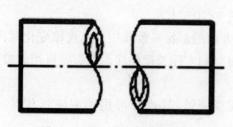

图 3 - 3 - 15 较长机件的简化

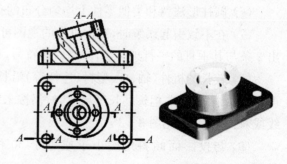

图 3 - 3 - 16 圆成圆弧的简化

【任务实施】

模块 轴上断面图的绘制和标注

〖任务要求〗

在指定位置画出图 3-3-17 所示轴的四处断面图。

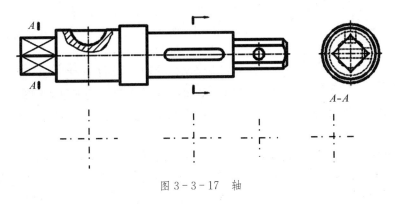

图 3-3-17 轴

〖任务准备〗

图纸、铅笔、直尺、橡皮、圆规、分规等。

〖任务操作〗

(1) 根据图 3-3-17 所示的左视图判断 $A-A$ 断面形状。因为 $A-A$ 断面未按投影关系配置,也未配置在剖切线的延长线上,所以需要进行标注,但因断面对称,可省略投影方向,见图 3-3-18(d)。

(2) 根据图 3-3-17 所示的主视图中的局部剖视判断该处的键槽形状为半圆键槽,结合左视图中的槽宽和槽深,在剖切线的延长线上画出断面图,可省略标注,见图 3-3-18(a)。

(3) 根据图 3-3-17 所示的主视图判断第三处断面处键槽形状为平键槽,结合左视图中的槽宽和槽深,按照图示的投影方向,在剖切线的延长线上画出断面图,见图 3-3-18(b)。

(4) 根据图 3-3-17 所示的左视图,判断轴上第四处断面形状,断面前后对称,并开有通孔,因为剖切平面过回转圆孔的轴线,所以该结构按剖视绘制,见图 3-3-18(c)。

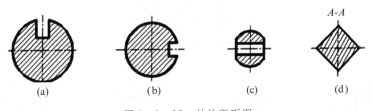

（a）　　　　　　（b）　　　　　　（c）　　　　　　（d）

图 3-3-18 轴的断面图

【任务评价】

移出断面图的轮廓线用粗实线绘制,当剖切平面通过回转形成的凹坑或孔的轴线时,这些结构应按照剖视绘制,见图 3-3-18(c)。

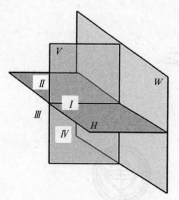

图 3-3-19　四个分角

【任务拓展】

国标规定："技术图样应采用正投影法绘制，并优先采用第一角画法。"世界上许多国家（如中国、英国、法国、德国、俄罗斯等）都采用第一角画法。但是，美国、日本、加拿大、澳大利亚则采用第三角画法。为了便于国际间的技术交流和协作，我们应该对第三角画法有所了解。

图 3-3-19 所示为三个互相垂直相交的投影面，将空间分为四个部分，每部分为一个分角。

将机件放在第一分角内（H 面之上、V 面之前、W 面之左）而得到的多面正投影为第一角画法，见图 3-3-20(a)；将机件放在第三分角内（H 面之下、V 面之后、W 面之左）而得到的多面正投影为第三角画法，见图 3-3-20(b)。

与第一角画法一样，第三角画法也有六个基本视图。第三角画法与第一角画法在各自的投影面体系中，观察者、机件、投影面三者之间的相对位置不同，决定了它们的六个基本视图的配置关系不同。但 ISO 国际标准规定：在表达机件结构中，第一角和第三角投影法同等有效。

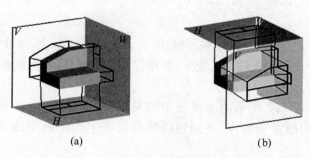

(a)　　　　　　　(b)

图 3-3-20　第一角画法和第三角画法

【课后练习】

1. 下图中画法正确的断面图是_____。

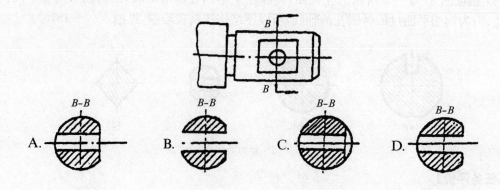

A.　　　　　B.　　　　　C.　　　　　D.

2. 下图中画法正确的断面图是_____。

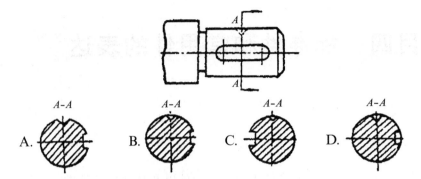

3. 下图中正确的重合断面图是_____。

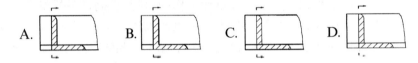

4. 根据下图中的主视图和左视图,正确的移出断面图是_____。

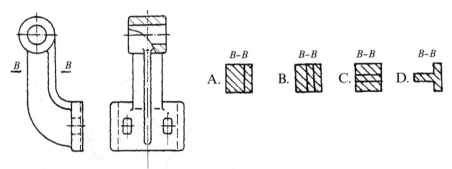

5. 以下说法正确的是_____。
    A. 移出断面必须要标注
    C. 移出断面有时须用剖视绘制
    B. 重合断面可用粗实线绘制
    D. 移出断面不允许旋转配置

项目四 标准件和常用件的表达

项目描述

在各种机器和设备的装配、安装中,常使用螺纹紧固件以及其他连接件进行紧固和连接。同时,在机械的传动、支承、减振等方面也广泛使用齿轮、轴承、弹簧等零部件。这些零部件的应用范围非常广泛,需求量很大。为了减轻设计工作的负担,提高产品质量和经济效益,国标对有些零部件的结构形式、尺寸规格、技术要求以及画法等进行规定,并由专门的工厂大量生产,这类零部件称为标准件。螺栓、螺柱、螺钉、螺母、垫圈、键、销等是标准零件;滚动轴承是标准部件。

而对有些零部件的一些常见结构、重要参数,国标也进行了规定,称为常用件。齿轮、蜗轮、蜗杆、弹簧是常用件。同时,为了便于制图,国标还规定了它们的简化画法。

图4-0-1所示的齿轮泵中,螺栓、螺母、垫圈、键、销属于标准件,齿轮、弹簧属于常用件。这里分别介绍螺纹、螺纹紧固件、键、销、滚动轴承、弹簧和齿轮的规定画法、代号以及标注方法。

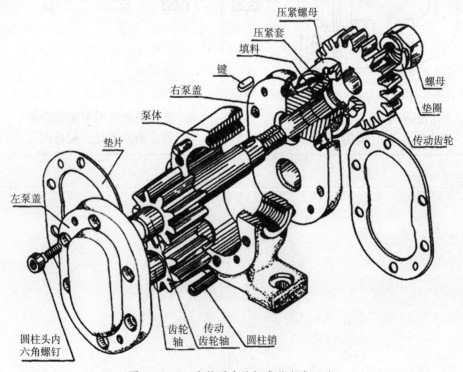

图4-0-1 齿轮泵中的标准件和常用件

任务1　螺纹及螺纹紧固件的表达

【任务描述】

实际生产装配中经常用到螺栓、螺母来连接两个零件,完成一个螺栓连接需要哪些零件? 螺栓连接有什么特点? 如何依据国标规定将图4-1-1(a)所示的螺栓连接正确、清晰、简单地表达出来? 图4-1-1(b)所示的简化画法是否正确? 如果不正确,如何改正?

(a) 装配示意　　(b) 简化画法

图4-1-1　螺栓连接

【学习目标】

(1) 能熟悉螺纹种类、加工、要素、结构;

(2) 能正确绘制内、外螺纹,并能进行标注;

(3) 能熟悉螺纹连接件的种类,并按照装配画法的规定绘制螺纹连接件。

【相关知识】

一、螺纹

(一) 螺纹的形成、要素和结构

1. 螺纹的形成

螺纹是在圆柱或圆锥表面上沿着螺旋线所形成的、具有相同轴向剖面的连续凸起和沟槽。在圆柱(或圆锥)外表面上所形成的螺纹称为外螺纹;在圆柱(或圆锥)内表面上所形成的螺纹称为内螺纹。内、外螺纹成对使用,可用于紧固连接或管路连接、传递运动或动力传动等。

螺纹的加工方法很多,图4-1-2所示是车削内、外螺纹的情形。对于直径较小的螺孔,如图4-1-3(a)所示,先用钻头钻出光孔,再用丝锥攻螺纹。由于钻头端部接近120°,所以盲孔的锥顶角应画成120°,且无须标注,见图4-1-3(b)。

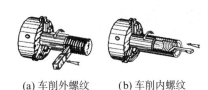

(a) 车削外螺纹　　(b) 车削内螺纹

图4-1-2　车削螺纹

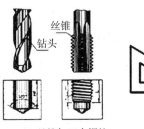

丝锥　钻头

(a) 丝锥加工内螺纹　　(b) 盲孔加工

图4-1-3　丝锥加工内螺纹

2. 螺纹的要素

螺纹一般配对使用,内、外螺纹连接时,下列要素必须相同。

(1) 牙型。在通过螺纹轴线剖面上,螺纹的轮廓形状称为牙型,常见牙型见图4-1-4。螺纹牙型不同,用途不同。

图 4-1-4　螺纹牙型

（2）直径。①大径：螺纹的最大直径，即与外螺纹的牙顶（Thread Crest）或内螺纹的牙底相切的假想圆柱或圆锥的直径。外螺纹用"d"表示，内螺纹用"D"表示，见图 4-1-5。②小径：螺纹的最小直径，即与外螺纹的牙底或内螺纹的牙顶相切的假想圆柱或圆锥的直径。外螺纹用"d_1"表示，内螺纹用"D_1"表示，见图 4-1-5。③中径：在大径与小径之间一假想圆柱或圆锥的直径，该圆柱或圆锥母线上牙型的凸起和沟槽宽度相等。外螺纹用"d_2"表示，内螺纹用"D_2"表示，见图 4-1-5。

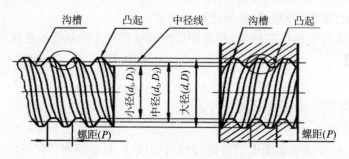

图 4-1-5　螺纹直径

代表螺纹尺寸的直径，称为公称直径，螺纹的公称直径一般是指螺纹的大径。外螺纹的大径或内螺纹的小径又称顶径；外螺纹的小径或内螺纹的大径又称底径。

（3）线数。螺纹有单线和多线之分：沿一条螺旋线形成的螺纹称为单线螺纹，见图 4-1-6(a)；沿轴向等距分布的两条或两条以上的螺旋线所形成的螺纹称为多线螺纹，见图 4-1-6(b)。连接螺纹多为单线螺纹，传动螺纹多为多线螺纹。

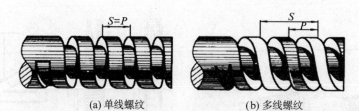

图 4-1-6　螺纹线数

（4）螺距和导程。①螺距：相邻两牙在中径线上对应两点间的轴线距离，称为螺距，用"P"表示。②导程：同一条螺旋线上相邻两牙在中径线上对应两点间的轴线距离，称为导程，用"S"表示。单线螺纹的导程等于螺距，即 $S=P$，见图 4-1-6(a)；多线螺纹的导程等于线数乘以螺距，即 $S=n×P$，见图 4-1-6(b)。

（5）旋向。螺旋线有左旋和右旋之分：从端部沿轴线看，当螺纹逆时针旋转时旋入的螺纹是左旋螺纹，见图 4-1-7(a)；当螺纹顺时针旋转时旋入的螺纹是右旋螺纹，见图 4-1-7(b)。另外，还可通过螺旋线的高低来判断旋向，将螺纹轴线竖着放置，螺旋线自左向右逐渐升高的是右旋螺纹,螺旋线自右向左逐渐升高的是左旋螺纹。工程上常用右旋螺纹。

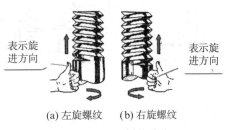

(a) 左旋螺纹　　(b) 右旋螺纹

图 4-1-7　螺纹旋向

内、外螺纹必须当上述五要素完全相同时才能旋合。在螺纹的五要素中,螺纹牙型、大径和螺距是决定螺纹最基本的要素,又称螺纹三要素。国标对螺纹的牙型、大径、螺距作出了规定,此三项符合标准的螺纹称为标准螺纹;牙型符合标准、大径和螺距不符合标准的螺纹称为特殊螺纹;牙型不符合标准的螺纹称为非标准螺纹。

3. 螺纹的螺旋升角

螺纹中径圆柱面上螺旋线的切线与垂直于螺旋线轴线的平面所夹的锐角称为螺旋升角,用"λ"表示,见图 4-1-8。

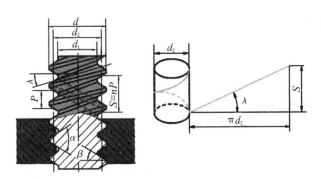

图 4-1-8　螺旋升角

$$\tan \lambda = \frac{S}{\pi d_2} = \frac{nP}{\pi d_2}$$

由上述公式可以看出,在其他螺纹要素均相同的情况下,线数越多,螺旋升角就越大;线数越少,螺旋升角就越小。所以单线螺纹的螺旋升角小于多线螺纹。

当螺旋升角较小时,螺纹的自锁性能较好,单线螺纹自锁性能优于多线螺纹;当螺旋升角较大时,螺纹的传动效率较高,多线螺纹的传动效率优于单线螺纹。

4. 螺纹的结构

(1) 螺纹的末端。为了便于装配和防止起始圈损坏,常在螺纹的起始处加工成一定的形式,如倒角、倒圆等,见图 4-1-9。

(2) 螺纹的收尾和退刀槽。车削螺纹时,刀具接近螺纹末尾处要逐渐离开工件,因此,工件上螺纹收尾部分的牙型是不完整的,这一段牙型不完整的螺纹收尾称为螺尾,见图 4-1-10(a)。为了避免产生螺尾,可以预先在螺纹末尾处先加工出退刀槽,然后再车削螺纹,见图 4-1-10(b)。

图 4-1-9 螺纹倒角和倒圆

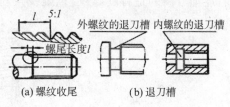

图 4-1-10 螺纹结构

（二）螺纹的规定画法

1. 外螺纹的画法

（1）牙顶线画粗实线。

（2）牙底线画细实线，小径通常按大径的 0.85 倍画出，即 $d_1 \approx 0.85d$；螺杆的倒角或倒圆部分也应画出；在投影为圆的视图上，表示小径的牙底圆画细实线，只画约 3/4 圈，见图 4-1-11。

（3）螺纹终止线画粗实线，见图 4-1-11(a)；当外螺纹作剖视时，剖面线必须连到粗实线，剖开部分的螺纹终止线只在大径和小径之间画一小段粗实线，见图 4-1-11(b)。

（4）倒角圆省略不画，画螺纹时一般不画螺尾，见图 4-1-11。

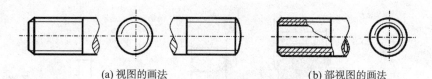

(a) 视图的画法   (b) 部视图的画法

图 4-1-11 外螺纹的画法

2. 内螺纹的画法

（1）在视图中，内螺纹若不可见，所有图线均画虚线，见图 4-1-12(a)。

（2）当用剖视图表示内螺纹时，其牙顶线画粗实线，牙底线画细实线，倒角或倒圆内的部分也应画出，见图 4-1-12(b)。

（3）在投影为圆的视图上，表示大径的牙底圆画细实线，只画约 3/4 圈，小径通常画成大径的 0.85 倍，倒角圆省略不画，见图 4-1-12(b)。

（4）螺纹终止线画粗实线，剖面线必须连到粗实线，见图 4-1-12(b)。

（5）对于盲孔，钻孔深度和螺纹深度应分别画出，一般钻孔深度应比螺纹深度深约 $0.5d$，钻孔锥角应画成 120°，见图 4-1-12(c)。

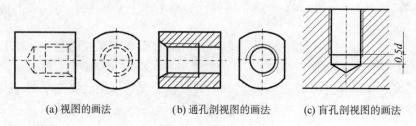

(a) 视图的画法   (b) 通孔剖视图的画法   (c) 盲孔剖视图的画法

图 4-1-12 内螺纹的画法

3. 内、外螺纹连接的画法

（1）以剖视图表示内、外螺纹连接时，其旋回部分按外螺纹的画法绘制，未旋合部分按内、外螺纹各自的画法绘制。应该注意的是：表示大、小径的粗实线和细实线应分别对齐，而与倒角的大小无关，剖面线应连到粗实线，见图4-1-13。

（2）当剖切平面通过实心螺杆的轴线时，螺杆按不剖绘制，见图4-1-13(a)。

（3）当两零件相邻连接时，在同一剖视图中，其剖面线的倾斜方向应相反或方向一致但间隔距离不同，见图4-1-13(b)。

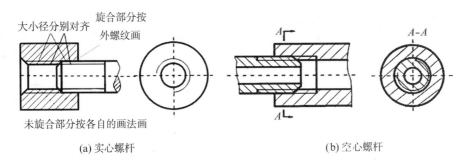

(a) 实心螺杆　　　　　　　　　　　　(b) 空心螺杆

图4-1-13　内、外螺纹连接的画法

（三）常用螺纹的种类和标记

螺纹按用途分为连接螺纹和传动螺纹两类，前者起连接作用，后者用于传递运动和动力。常用螺纹的种类见表4-1-1。

表4-1-1　常用螺纹的种类

螺纹按国标的规定画法画出后，图上并未表明牙型、大径、螺距、线数和旋向等要素，因此，需要用标注代号或标记的方式来说明。各种常见螺纹的标注方法及示例见表4-1-2。

1. 普通螺纹

普通螺纹的牙型角为60°，有粗牙和细牙之分，即在同一大径下有几种不同规格的螺距，螺距最大的一种为粗牙，其余几种均为细牙。因此，在标注细牙螺纹时，必须注出螺距。由于细牙螺纹的螺距比粗牙螺纹的螺距小，所以细牙螺纹多用于细小的精密零件和薄壁零件。

（1）螺纹代号。螺纹代号实质是说明螺纹三要素，其形式为"牙型符号 公称直径×螺距"。粗牙普通螺纹省略螺距，所以螺纹代号用牙型符号"M"及 "公称直径"表示；细牙普通螺纹的代号用牙型符号"M"及 "公称直径×螺距"表示。当螺纹为左旋时，在螺纹代号后加"左"字或"LH"；当螺纹为右旋时，省略旋向。例如："M24"表示公称直径为24 mm，右旋的粗牙普通螺纹；"M24×1.5LH"表示公称直径为24 mm，螺距为1.5 mm，左旋的细牙普通螺纹。

表 4-1-2　常用螺纹种类和标注示例

螺纹种类			牙型放大图	牙型符号	标注示例	标注说明
连接螺纹	普通螺纹	粗牙	60°	M	*M10-6h*	粗牙普通螺纹,公称直径 10 mm,右旋;中径、顶径公差带代号均为6h;中等旋合
		细牙			*M20×1.5-7H-L*	细牙普通螺纹,公称直径 20 mm,螺距 1.5 mm,右旋;中径、顶径公差带代号均为 7H;长旋合
	管螺纹	非螺纹密封的管螺纹		G	*G3/4A*	非螺纹密封的外管螺纹,尺寸代号 3/4 in,公差等级 A,右旋
		用螺纹密封的管螺纹	55°	Rc	*Rc1/2*	用螺纹密封的圆锥内管螺纹,尺寸代号 1/2 in,右旋
				Rp	*Rp1/2*	用螺纹密封的圆柱内管螺纹,尺寸代号 1/2 in,右旋
				R	*R1/2*	用螺纹密封的圆锥外管螺纹,尺寸代号 1/2 in,右旋
传动螺纹	梯形螺纹		30°	Tr	*Tr40×14(P7)LH*	梯形螺纹,公称直径 40 mm,双线螺纹,导程 14 mm,螺距7 mm,左旋;中等旋合
	锯齿形螺纹		30° 3°	B	*B40×7*	锯齿形螺纹,公称直径 40 mm,单线螺纹,螺距 7 mm,右旋;中等旋合

(2) 螺纹标记。普通螺纹的完整标记由螺纹代号、螺纹公差带代号和螺纹旋合长度代号 3 部分组成。螺纹公差带代号包括中径和顶径公差带代号,小写字母指外螺纹,大写字母指内螺纹。如果中径和顶径公差带代号相同,则只标注 1 个代号。螺纹旋合长度有短旋合(S)、中等旋合(N)、长旋合(L)3 组,一般情况下,螺纹连接按中等旋合长度考虑,省略标注"N",长旋合或短旋合时加注"L"或"S"。螺纹代号、螺纹带公差代号、螺纹旋合长度代号之间分别用"-"分开。例如:"M20×2LH-6H"表示公称直径为 20 mm,螺距为 2 mm,左旋的细牙普通螺纹(内螺纹),中径和顶径公差带代号均为 6H,旋合长度中等;"M10-5g6g-S"表示公称直径为 10 mm,右旋的粗牙普通螺纹(外螺纹),中径公差带代号为5g,顶径公差带代号为 6g,短旋合。

2. 管螺纹(Gas Thread)

在水管、油管、煤气管的管道连接中常用到管螺纹,它们是英制的。管螺纹的牙型角为 55°,有非螺纹密封的管螺纹和用螺纹密封的管螺纹 2 大类。前者代号为 G,后者包括用螺纹密封的圆柱内管螺纹、用螺纹密封的圆锥内管螺纹和用螺纹密封的圆锥外管螺纹,代号分别为 Rp,Rc 和 R(即表 4-1-2 中的牙型符号)。

管螺纹应标注螺纹代号和尺寸代号,非螺纹密封的外管螺纹还应标注公差等级,其公差等级有 A 和 B 两种,标注在尺寸代号之后。非螺纹密封的内管螺纹和用螺纹密封的管螺纹仅一种公差等级,公差带代号省略不标;当螺纹为左旋时,应在最后加注"LH"。

尺寸代号与带有外螺纹管子的孔径相近,而不是管螺纹的大径,单位是英寸。

例如:"G1/2A-LH"表示非螺纹密封的左旋外管螺纹,尺寸代号 1/2,公差等级为 A;"Rc3/4"表示用螺纹密封的右旋圆锥内管螺纹,尺寸代号为 3/4。

3. 梯形螺纹和锯齿形螺纹

(1) 螺纹代号。梯形螺纹用来传递双向动力,如机床的丝杆,梯形螺纹的牙型符号为"Tr",牙型角 30°,不按粗、细牙分类;锯齿形螺纹用来传递单向动力,如千斤顶中的螺杆,锯齿形螺纹的牙型符号为"B",一侧牙型角为 30°,另一侧牙型角为 3°,见表 4-1-2。

梯形螺纹的螺纹代号由牙型符号和尺寸规格 2 部分组成,当螺纹左旋时,需在尺寸规格之后加注"LH"。单线螺纹的尺寸规格用"公称直径×螺距"表示;多线螺纹的尺寸规格用"公称直径×导程(P 螺距)"表示。

例如:"Tr40×7"表示公称直径为 40 mm,螺距为 7 mm 的单线右旋梯形螺纹;"B18×14(P7)LH"表示公称直径为 18 mm,螺距为 7 mm,导程为 14 mm 的双线左旋锯齿形螺纹。

(2) 标记方法。梯形螺纹和锯齿形螺纹完整的标记方法与普通螺纹的标记方法基本相同,包括螺纹代号、公差带代号和旋合长度代号 3 部分。公差带代号只标注中径公差带代号;旋合长度只有中等旋合(N)和长旋合(L)2 组,一般情况下按旋合长度中等考虑,省略标注"N"。螺纹代号、公差带代号、旋合长度代号之间分别用"-"分开。

例如:"Tr40×7-7H"表示公称直径为 40 mm,螺距为 7 mm 的单线右旋梯形螺纹(内螺纹),中径公差带代号为 7H,中等旋合长度。

(四)常用螺纹的标注

将螺纹的规定标记写在图上,称为螺纹的标注。

公称直径以 mm 为单位的螺纹,如普通螺纹、梯形螺纹、锯齿形螺纹等,应将其完整的标记直接标注在尺寸线上,见图 4-1-14。

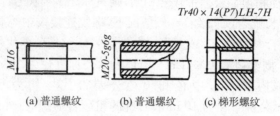

(a) 普通螺纹　　　　(b) 普通螺纹　　　　(c) 梯形螺纹

图 4-1-14　螺纹的标注

管螺纹由于尺寸代号不是螺纹大径,所以在图样上一律引出标注,引出线应由大径或对称中心处引出,见图 4-1-15。

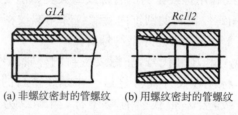

(a) 非螺纹密封的管螺纹　　　　(b) 用螺纹密封的管螺纹

图 4-1-15　管螺纹的标注

二、常用螺纹紧固件及其连接

(一)常用螺纹紧固件

螺纹紧固件就是运用一对内、外螺纹的连接作用来连接和紧固一些零部件。常用的螺纹紧固件有螺钉、螺栓、螺柱(亦称双头螺柱)、螺母和垫圈等,见图 4-1-16。螺纹紧固件的结构、尺寸均已标准化,并由有关专业工厂大量生产。根据螺纹紧固件的规定标记,就能在相应的标准中,查出有关的尺寸。因此,对符合标准的螺纹紧固件,无须详细画出它们的零件图。

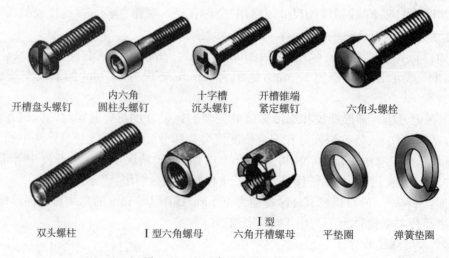

开槽盘头螺钉　　内六角　　　十字槽　　开槽锥端　　六角头螺栓
　　　　　　　圆柱头螺钉　　沉头螺钉　紧定螺钉

双头螺柱　　　Ⅰ型六角螺母　　Ⅰ型　　　　平垫圈　　　弹簧垫圈
　　　　　　　　　　　　　六角开槽螺母

图 4-1-16　常用的螺纹紧固件

（二）螺纹紧固件的连接画法

螺纹紧固件连接是一种可拆卸的连接,常用的形式有螺栓连接、螺柱连接和螺钉连接等。

如图 4-1-17 所示,画螺纹紧固件的连接时,应遵守下述基本规定:在剖视图上,两零件接触表面只画一条线,不可特意加粗;非直接接触面应画两条线,以表示有间隙;两零件相邻时,不同零件的剖面线方向应相反,或者方向一致、间隔不等;在同一张图上,同一零件的剖面线在各个视图上,方向和间隔必须一致。

在装配图中,当剖切平面通过螺杆的轴线时,对于螺栓、螺柱、螺钉、螺母及垫圈等均按未剖切绘制,仍画外形,需要时可局部剖视。

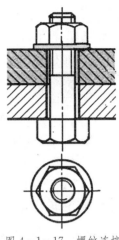

图 4-1-17　螺纹连接
规定画法示意

1. 螺栓连接画法

单个螺纹紧固件的画法,可根据公称直径查有关标准,得出各部分的尺寸。但在绘制螺栓、螺柱、螺母和垫圈时,通常按螺栓的螺纹规格、螺母的螺纹规格、垫圈的公称尺寸进行比例折算,得出各部分尺寸后按近似画法画出,称为比例画法,见图 4-1-18。

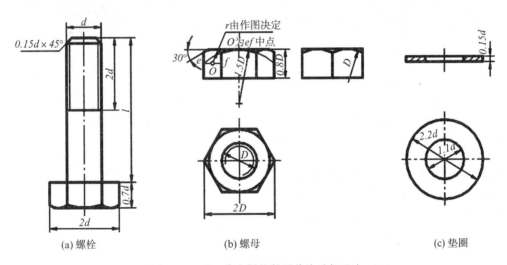

|(a) 螺栓|(b) 螺母|(c) 垫圈|

图 4-1-18　单个螺纹紧固件的近似画法

螺栓连接是工程上应用较广泛的一种连接,由螺栓穿过被连接件的通孔,加上垫圈,拧紧螺母,即把零件连接在一起。这种连接适用于两个被连接件不太厚,而且又允许钻成通孔的情况。

螺栓连接图的已知条件是被连接件的厚度,螺栓、螺母、垫圈的标记等。螺栓的公称长度 L 可按下式计算:

$$L \geqslant \delta_1 + \delta_2 + h(或 s) + m + a$$

式中:δ_1 和 δ_2 为被连接件的厚度(设计给定);h 为平垫圈厚度(根据标记查表);s 为弹簧垫圈厚度(根据标记查表);m 为螺母高度(根据标记查表);a 为螺栓末端超出螺母的长度,一般可取 $a=0.3d$(d 为螺栓直径)。

注意：按上式计算出的螺栓长度，还应根据螺栓的标准长度系列选取标准长度值。

被连接件的通孔直径应比螺栓直径稍大，一般情况下，按中等装配考虑，取通孔直径为 $1.1d$（d 为螺栓直径）。

六角头螺栓连接的比例画法见图 4-1-19。

2. 螺柱连接画法

当两个被连接零件中有一个较厚，加工通孔困难或需要经常拆卸不宜采用螺钉连接时，一般采用双头螺柱连接，见图 4-1-20。先在较薄的零件上钻孔，取通孔直径为 $1.1d$（d 为螺柱直径）；并在较厚的零件上加工出螺孔。双头螺柱的两端都制有螺纹，一端（b_m 端）旋入较厚零件的螺孔中，称为旋入端；另一端穿过较薄的零件上的通孔，套上垫圈，再用螺母拧紧，称为紧固端。

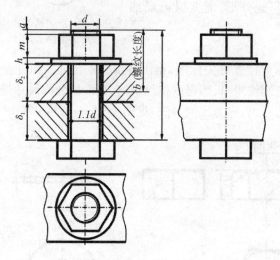

图 4-1-19　螺栓连接的比例画法

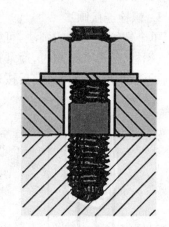

图 4-1-20　螺栓连接的示意画法

采用螺柱连接时，应根据螺孔件的材料来选择螺柱的标准号，即确定 b_m 的长度，一般可参照表 4-1-3 确定。

表 4-1-3　螺柱的选用

螺孔件材料	旋入端长度选择	国家标准代号
钢、青铜、硬铝	$b_m=d$	GB/T 897—1988
铸铁	$b_m=1.25d$ 或 $b_m=1.5d$	GB/T 898—1988 GB/T 899—1988
铝及其他较软的材料	$b_m=2d$	GB/T 900—1988

为了确保连接的可靠性，螺柱的旋入端必须全部旋入螺孔内。为此，螺孔的螺纹深度应大于旋入端的深度（b_m），螺纹深度一般等于 $b_m+0.5d$（d 为螺柱直径），见图 4-1-21。

螺柱的公称长度 L（不包括旋入端长度 b_m）按下式计算：

$$L \geqslant \delta + h（或 s）+ m + a$$

式中：δ 为通孔零件的厚度（设计给定）；h 为平垫圈厚度（根据标记查表）；s 为弹簧垫圈厚

度(根据标记查表);m 为螺母高度(根据标记查表);a 为螺柱紧固端超出螺母的长度,一般可取 $a=0.3d$(d 为螺柱直径)。

注意:按上式计算出的螺柱长度,还应根据螺柱的标准长度系列选取标准长度值。

画螺柱连接图时,要注意以下几点:

(1)螺柱旋入端的螺纹终止线应与结合面平齐,表示旋入端全部拧入螺孔内,足够拧紧。

(2)弹簧垫圈用作防松,外径比普通垫圈小,以保证紧压在螺母底面范围之内。弹簧垫圈开槽的方向应是阻止螺母松动的方向,在图中应画成与水平线成 60°上向左、下向右的 2 条线。

螺柱连接的比例画法见图 4-1-22。

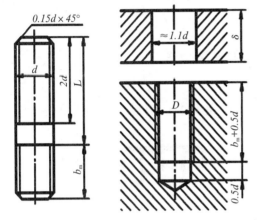

图 4-1-21　钻孔深度、螺纹深度和旋入深度

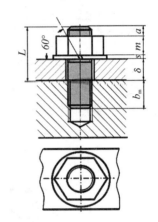

图 4-1-22　螺柱连接的比例画法

3. 螺钉连接画法

螺钉连接用于不经常拆卸,并且受力不大的场合。两个被连接件中较厚的加工出螺孔,较薄的零件加工出通孔,不用螺母,直接将螺钉穿过通孔拧入螺孔中,连接形式见图 4-1-23。

螺钉的公称长度 $L \geqslant \delta + b_m$,根据计算出的螺钉长度在标准系列中取标准值。式中:δ 为通孔零件的厚度(设计给定);b_m 为螺纹旋入深度,与螺柱连接相同。

画螺钉连接装配图时应注意:在螺钉连接中螺纹终止线应高于两个被连接零件的结合面,表示螺钉有拧紧的余地,保证连接紧固,见图 4-1-23。螺钉连接的简化画法见图 4-1-24。

图 4-1-19,4-1-22,4-1-24 分别表示了螺栓连接、螺柱连接、螺钉连接的简化画法。简化画法规定,六角头螺栓、六角螺母的倒角及双曲线可省略不画。

对于不穿通的螺孔,可以不画出钻孔深度,仅按有效螺纹部分的深度(不包括螺尾)画出,见图 4-1-22。

螺钉头部的一字槽(或十字槽),在投影为圆的视图上,应画成 45°倾斜位置,线宽为粗实线的 2 倍,见图 4-1-24。

图 4-1-23　螺钉连接示意

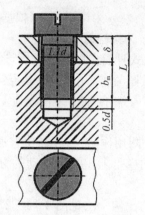

图 4-1-24　螺钉连接的简化画法

【任务实施】

模块　螺栓的连接画法

〖任务要求〗

已知螺栓、螺母、垫圈如图 4-1-25 所示,试完成件 1 和件 2 被连接后的主、俯视图。

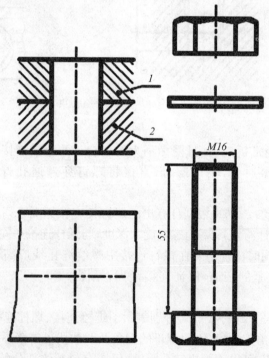

图 4-1-25　螺栓连接

〖任务准备〗

图纸、铅笔、直尺、橡皮、圆规、分规等。

〖任务操作〗

(1) 根据螺纹公称直径 d 按下列比例作图:螺纹长度 $b=2d$,垫圈厚度 $h=0.15d$,螺

母厚度 $m=0.8d$，螺栓伸出螺母长度 $a=0.3d$，螺栓头部厚度 $k=0.7d$，六角螺母外接圆直径 $e=2d$，垫圈外径 $d_2=2.2d$。

（2）按照上述比例作图，依次分别画出轴线和被连接零件、螺栓、垫圈和螺母，然后加深图线。

（3）在两个被连接件上分别画上剖面线，见图 4-1-26。

【任务评价】

直接接触的两零件表面只画一条线,螺栓大径和孔径非直接接触,所以画两条粗实线。标准件、实心件被纵剖时,在剖视图中作不剖处理。在剖视图中两个不同的零件剖面线方向应相反,或者方向一致、间隔不等,见图 4-1-26。

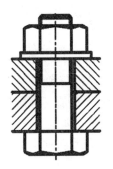

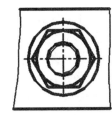

图 4-1-26　连接画法

【任务拓展】

螺纹连接件在各类机器设备中应用广泛,熟练掌握螺纹的画法以及螺纹连接件的画法至关重要。绘制的螺纹连接件不仅要正确,而且要合理,即满足实际使用,比如便于安装、防止螺纹松动以及方便拆卸等。这就要求螺纹连接的结构必须合理。

（1）为了便于装配,被连接件通孔的尺寸应比螺纹大径或螺杆直径稍大,以便装配;

（2）为了保证拧紧,要适当加长螺纹尾部,在螺杆上加工出退刀槽,在螺孔上加工出凹坑或倒角;

（3）为了便于拆装,必须留出扳手的活动空间(见图 4-1-27),以及便于安装和拆卸螺纹件的空间(见图 4-1-28)。

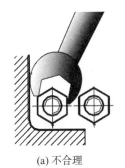
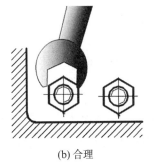

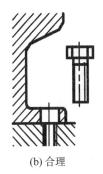

(a) 不合理　　　　(b) 合理

图 4-1-27　留出扳手活动空间

(a) 不合理　　　　(b) 合理

图 4-1-28　留出螺钉装、拆空间

（4）如图 4-1-29(a)所示,螺栓无法上紧,须加手孔或改用双头螺柱连接,见图 4-1-29(b)和(c)。

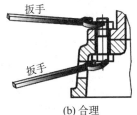
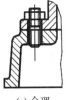

(a) 不合理　　　　(b) 合理　　　　(c) 合理

图 4-1-29　加手孔或改用双头螺柱

【课后练习】

1. 若零件的结构和规格均由国标具体规定,加工制造部门按标准进行加工和检验,使用部门根据需要直接选用,则这种零件称为_____。
   A. 互换件　　　　　　　B. 标准件　　　　　　　C. 同类件　　　　　　　D. 维修件

2. 下列属于标准件的是_____。
   A. 弹簧　　　　　　　　B. 齿轮　　　　　　　　C. 半圆键　　　　　　　D. 凸轮

3. 公制普通螺纹牙型角为_____。
   A. $30°$　　　　　　　　B. $45°$　　　　　　　　C. $55°$　　　　　　　　D. $60°$

4. 内外螺纹旋合,应有_____种要素相同。
   A. 5　　　　　　　　　　B. 4　　　　　　　　　　C. 3　　　　　　　　　　D. 2

5. 常见的螺纹紧固件中的螺纹是_____线_____旋螺纹。
   A. 单/右　　　　　　　　B. 多/右　　　　　　　　C. 单/左　　　　　　　　D. 多/左

6. 同一条螺纹线上相邻两牙对应点间的轴向距离叫_____。
   A. 螺距　　　　　　　　B. 导程　　　　　　　　C. 节距　　　　　　　　D. 轴间距

7. 国标规定:在螺纹投影为圆的视图中,表示牙底的细实线应画_____圈。
   A. 1　　　　　　　　　　B. 1/2　　　　　　　　　C. 2/3　　　　　　　　　D. 约3/4

8. 纹钻孔孔底的顶角应画成_____。
   A. $120°$　　　　　　　B. $150°$　　　　　　　C. $90°$　　　　　　　　D. $45°$

9. 螺纹代号为 M14×1.5 的螺纹是_____螺纹。
   A. 普通粗牙　　　　　　B. 普通细牙　　　　　　C. 梯形　　　　　　　　D. 锯齿形

10. 无论是内螺纹还是外螺纹标注时,尺寸界线或指引线均应由螺纹的_____引出。
    A. 顶径　　　　　　　　B. 小径　　　　　　　　C. 底径　　　　　　　　D. 大径

任务2　键、销、滚动轴承的表达

【任务描述】

图4-2-1所示的齿轮和轴通过怎样的方式连接才能保证二者不产生相对转动,能传递扭矩和回转运动?另外,这种连接还要可拆卸,方便安装和维修。

图4-2-1　键连接

【学习目标】

(1) 能熟悉键的功用、种类,并正确绘制键连接及键槽;

(2) 能熟悉销的功用、种类,并正确绘制销连接;

（3）能熟悉滚动轴承的功用、结构，并按简化画法、示意画法以及装配画法的要求绘制滚动轴承。

【相关知识】

一、键连接

（一）键的功用

键连接是一种可拆卸连接。键通常用来连接轴和轴上的传动件（如齿轮、带轮等），以传递扭矩，保证二者同步旋转。

（二）键的种类

键是标准件，种类很多，常用的键有普通平键、半圆键、钩头楔键等，见图4-2-2。

(a) 平键 (b) 半圆键 (c) 钩头楔键

图4-2-2 常用键的种类

（三）键连接的画法

画键连接装配图，一般是将主视图采用全剖视，按装配图的规定画法，轴、键等标准件和实心件纵剖均按不剖处理，但为了表达轴上键槽又采用局部剖视，而键槽宽度则反映在断面图上，见图4-2-3。

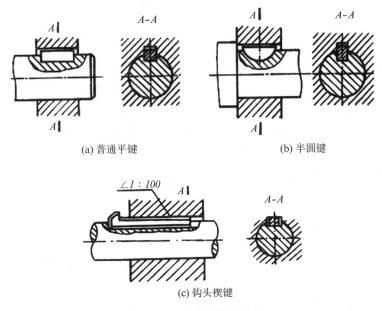

(a) 普通平键 (b) 半圆键

(c) 钩头楔键

图4-2-3 键连接的画法

注意：当剖切平面垂直于轴线剖切时，被剖到的键应画剖面线，见图4-2-3中的 $A-A$ 断面图。

普通平键和半圆键的两侧面都是工作面，所以在连接画法中，键与键槽侧面不留间隙；

键的顶面是非工作面,与轮毂的键槽底面应留有间隙,应画两条线,见图4-2-3(a)和(b)。钩头楔键的顶面和底面同为工作面,与键槽没有间隙;而两侧面是非工作面,与键槽侧面应留有间隙,应画两条线,见图4-2-3(c)。

（四）键槽的画法

键连接时,要先在轴上和轮毂上加工出键槽,轴上和轮毂上键槽的画法及尺寸标注见图4-2-4。

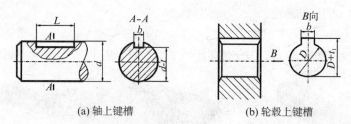

(a) 轴上键槽 （b) 轮毂上键槽

图4-2-4　键槽画法及尺寸标注

轴上键槽用轴的主视图局部剖视和在键槽处的移出断面表示,见图4-2-4(a)。键槽尺寸则要标注键槽长度L和键槽宽度b,键槽深度t一般不直接标出,而用轴径d与键槽深度t之差表示,见图4-2-4(a)中$A-A$移出断面图。

轮毂上键槽采用全剖视及局部视图表示,见图4-2-4(b)。键槽尺寸则要标注槽宽b,键槽深度t_1一般不直接标出,而用孔径D与键槽深度t_1之和表示,见图4-2-4(b)中B向局部视图。

图4-2-4中的b,t,t_1都可按轴径查出,L则应根据设计要求按b选定。

二、销连接

（一）销的功用

销也是标准件,主要用于零件之间的定位,也可用于零件之间的连接,但只能传递不大的动力。

（二）销的种类

常用的销有圆柱销、圆锥销和开口销等,见图4-2-5。圆柱销用于不经常拆卸的地方;圆锥销有1:50的锥度,定位精度比圆柱销高,多用于经常拆卸的地方;开口销用于槽形螺母和带孔螺栓,将它穿过槽形螺母的槽口和带孔螺栓的孔,并在销的尾部叉开以防螺母松动。

(a) 圆柱销　　　　　(b) 圆锥销　　　　　(c) 开口销

图4-2-5　常用的销

（三）销连接的画法

销连接的画法见图4-2-6,剖切平面通过销的轴线时,销作为标准件在剖视图中作不剖处理。销表面与被连接件之间应画一条线。

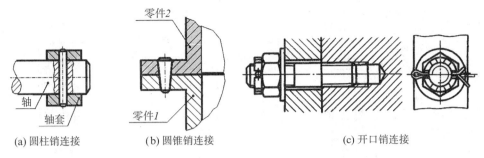

(a) 圆柱销连接　　　　(b) 圆锥销连接　　　　　　(c) 开口销连接

图 4-2-6　销连接画法

销的装配要求较高,被连接件上的销孔应在装配时同时完成,见图 4-2-7。

三、滚动轴承

滚动轴承是一种支承转动轴的组件,它具有摩擦小、结构紧凑的优点,已被广泛使用在机器中。滚动轴承是标准件。

（一）滚动轴承的结构

滚动轴承种类繁多,但其结构大致相同,一般由外圈、内圈、滚动体和保持架组成,见图 4-2-8。内圈装在轴上,随轴一起转动;外圈装在机体或轴承座内,一般固定不动;滚动体安装在内圈与外圈之间的滚道中,其形状有球形、圆柱形和圆锥形等,当内圈转动时,它们在滚道内滚动;保持架用来隔离滚动体。

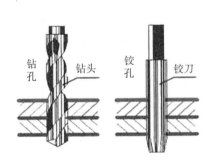

图 4-2-7　圆柱销孔的加工过程　　　　图 4-2-8　滚动轴承的结构

（二）滚动轴承的种类

滚动轴承按其受力方向可分为三类:

(1) 向心轴承,主要受径向力,如深沟球轴承;

(2) 推力轴承,只受轴向力,如推力轴承;

(3) 向心推力轴承,同时承受径向和轴向力,如圆锥滚子轴承。

（三）滚动轴承的画法

滚动轴承是标准组件,其结构型式、尺寸和标记都已标准化,画图时按国标规定,可采用示意画法和简化画法,见表 4-2-1。

装配图是根据滚动轴承的外径、内径、宽度等几个主要尺寸,按示意画法将其一半示意地画出结构特征,另一半画出其轮廓,并用粗实线画上对角线。在装配图的明细表中标出滚动轴承的标记。

表 4－2－1　滚动轴承的画法

轴承类型代号	简化画法	示意画法	装配画法
深沟球轴承			
圆锥滚子轴承			
单向推力轴承			

　　滚动轴承内、外圈的剖面线方向应相同。对于深沟球轴承,简化画法规定滚动体(球)直径为 $A/2$,示意画法规定小球直径为 $A/3$。

【任务实施】

模块　键连接的画法

〖任务要求〗

　　如图 4－2－9 所示,齿轮和轴用普通平键连接,键宽 $b=8$ mm,高度 $h=7$ mm,键长 $L=40$ mm,查表确定轴上键槽深度 t 和轮毂上键槽深度 t_1 的尺寸数值,用 1:1 的比例补全下列图形。

〖任务准备〗

　　图纸、铅笔、直尺、橡皮、圆规、分规等。

〖任务操作〗

　　(1) 根据键宽 $b=8$ mm,高度 $h=7$ mm,键长 $L=40$ mm,查表得键槽深度 $t=4$ mm,轮毂上键槽深度 $t_1=3.3$ mm。

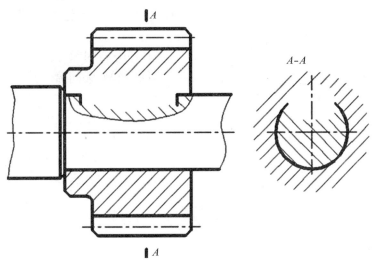

图 4 - 2 - 9　平键连接

（2）画键连接装配图，主视图全剖，键是标准件，纵剖按不剖处理。键长和键高反映在主视图上，为了表达轴上的键槽又采用局剖，而键宽则反映在断面图上，见图 4 - 2 - 10。

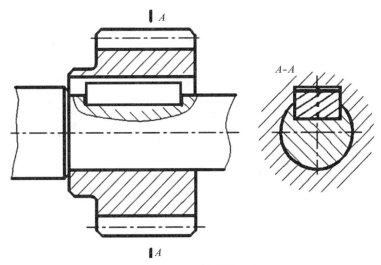

图 4 - 2 - 10　键连接画法

【任务评价】

（1）普通平键的工作面为两侧面，只画一条粗实线；顶面为非工作面，留有间隙，必须画两条粗实线。

（2）键作为标准件，纵剖作不剖处理，横剖必须要画剖面线。

【课后练习】

1. 销多用于被连接件间的_____，有时也用来传递_____的动力。

　　A. 定位/较大　　　　　B. 定位/较小　　　　C. 锁紧/较大　　　　D. 防松/较小

2. 销被横向剖切时_____剖面线，沿轴线剖切时_____剖面线。

　　A. 应画/不画　　　　　B. 不画/不画　　　　C. 不画/应画　　　　D. 应画/应画

3. 钩头楔键连接,键的_____面为工作面,键的顶面与轮毂上键槽的底面之间_____,应画_____条线。

    A. 顶/无间隙/一   B. 顶/有间隙/两

    C. 两侧/有间隙/两   D. 两侧/无间隙/一

4. 键是_____,用来连接轴和轴上装的传动零件,起_____的作用。

    A. 非标准件/传动   B. 标准件/定位   C. 非标准件/定位   D. 标准件/传动

5. 滚动轴承是_____,用来支承轴和轴上装的传动零件,起_____的作用。

    A. 非标准件/减轻磨损   B. 非标准件/增强轴刚性

    C. 标准件/减小摩擦   D. 标准件/防振

任务 3   齿轮、弹簧的表达

【任务描述】

齿轮是广泛应用于机器设备中的一种传动零件,它可以传递动力和运动,并具有改变转动速度和方向的作用。根据传动轴的相对位置不同,常见的齿轮传动形式有:

(1) 圆柱齿轮传动——用于平行两轴间的传动,见图 4-3-1(a);

(2) 圆锥齿轮传动——用于相交两轴间的传动,见图 4-3-1(b);

(3) 蜗轮蜗杆传动——用于交叉两轴间的传动,见图 4-3-1(c)。

(a) 圆柱齿轮   (b) 圆锥齿轮   (c) 蜗轮蜗杆

图 4-3-1 常见的齿轮传动

【学习目标】

(1) 能正确绘制单个齿轮以及两个啮合齿轮;

(2) 能正确绘制单个弹簧以及按省略或示意画法绘制装配图中的弹簧。

【相关知识】

一、圆柱齿轮

圆柱齿轮按其齿向可分为:直齿圆柱齿轮、斜齿圆柱齿轮和人字齿圆柱齿轮,见图 4-3-2。这里主要介绍直齿圆柱齿轮。

(a) 直齿   (b) 斜齿   (c) 人字齿

图 4-3-2 常见圆柱齿轮的轮齿种类

（一）直齿圆柱齿轮各部分的名称和尺寸关系

图4-3-3给出了齿轮各部分名称，图4-3-4给出了啮合两齿轮各部分名称。

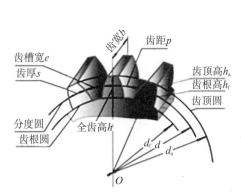

图4-3-3　直齿圆柱齿轮各部分名称和代号

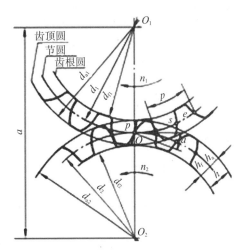

图4-3-4　圆柱齿轮啮合示意

（1）齿顶圆 d_a。通过齿轮各齿顶端的圆，称为齿顶圆。

（2）齿根圆 d_f。通过齿轮各齿槽底部的圆，称为齿根圆。

（3）分度圆 d。齿轮上一个约定的假想圆，齿轮设计和加工时各部分尺寸计算的基准圆称为分度圆。

（4）齿距 p，齿厚 s，槽宽 e。在分度圆上，相邻两齿廓对应两点之间的弧长称为齿距；在标准齿轮中，分度圆上的齿厚与槽宽相等，即 $s=e$，$p=s+e$。

（5）齿顶高 h_a。介于分度圆与齿顶圆之间的部分称为齿顶，其径向距离称为齿顶高。

（6）齿根高 h_f。介于分度圆与齿根圆之间的部分称为齿根，其径向距离称为齿根高。

（7）齿高 h。齿顶圆与齿根圆之间的径向距离称为齿高，$h=h_a+h_f$。

（8）中心距 a。两啮合齿轮轴线之间的距离称为中心距。

（二）直齿圆柱齿轮的基本参数

（1）齿数 z。一个齿轮上轮齿的总数。

（2）模数 m。齿轮的分度圆周长 $\pi d=zp$，则 $d=zp/\pi$，令 $p/\pi=m$，则 $d=mz$。所以模数是齿距 p 与圆周率 π 的比值，即 $m=p/\pi$，单位为mm。

模数是齿轮设计、加工中十分重要的参数，模数大，轮齿就大，因而齿轮的承载能力也大。为了便于设计和制造，模数已经标准化，我国规定的模数标准值见表4-3-1。

表4-3-1　渐开线圆柱齿轮模数

第一系列	1	1.25	1.5	2	2.5	3	4	5	6	8	10	12	16	20	25	32	40	50
第二系列	1.75	2.25	2.75	(3.25)	3.5	(3.75)	4.5	5.5	(6.5)	7	9	(11)	14	18	22	28	36	45

（3）压力角 α。齿廓曲线在分度圆上一点处的速度方向与齿廓曲线在该点法线方向之间所夹锐角，称为压力角。压力角也已经标准化，我国采用的标准压力角为 $20°$。

两标准直齿圆柱齿轮正确啮合的条件是模数 m 和压力角 α 分别相等。

齿轮的基本参数 z, m, α 确定后, 齿轮各部分尺寸可按表 $4-3-2$ 中的公式计算。

表 4-3-2　渐开线圆柱齿轮几何要素的尺寸计算

名　称	代　号	计　算　公　式
齿顶高	h_a	$h_a = m$
齿根高	h_f	$h_f = 1.25m$
齿高	h	$h = 2.25m$
分度圆直径	d	$d = mz$
齿顶圆直径	d_a	$d_a = m(z+2)$
齿根圆直径	d_f	$d_f = m(z-2.5)$
中心距	a	$a = (d_1+d_2)/2 = m(z_1+z_2)/2$

（三）直齿圆柱齿轮的画法

1. 单个圆柱齿轮的画法

齿轮上的轮齿是多次重复出现的结构, GB/T 4459.2—2003 对齿轮的画法作出如下规定, 见图 $4-3-5$。

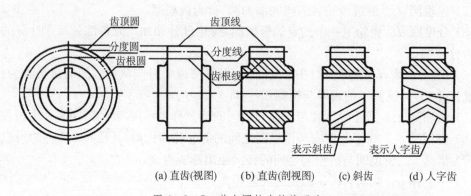

(a) 直齿(视图)　　(b) 直齿(剖视图)　　(c) 斜齿　　(d) 人字齿

图 4-3-5　单个圆柱齿轮的画法

（1）齿顶圆和齿顶线用粗实线表示; 分度圆和分度线用细点画线表示; 齿根圆和齿根线用细实线表示或省略不画, 见图 $4-3-5$(a)。

（2）在剖视图中, 当剖切平面通过齿轮的轴线时, 轮齿一律按不剖处理; 齿根线用粗实线表示, 见图 $4-3-5$(b)。

（3）对于斜齿或人字齿的圆柱齿轮, 可用三条细实线表示轮齿的方向, 其他画法与直齿圆柱齿轮一致, 见图 $4-3-5$(c)和(d)。

2. 两圆柱齿轮啮合的画法

两标准的圆柱齿轮互相啮合时, 两齿轮分度圆相切, 此时分度圆称节圆。两齿轮啮合的画法, 关键是啮合区的画法, 其他部分仍按单个齿轮的画法规定绘制。啮合区的画法规定如下:

（1）在投影为圆的视图中, 两齿轮节圆相切。齿顶圆均画成粗实线, 见图 $4-3-6$(a), 啮合区的齿顶圆也可省略不画, 见图 $4-3-6$(b)。

（2）在投影为非圆的剖视图中,两齿轮节线重合,画细点画线,齿根线画粗实线。齿顶线的画法是将一个齿轮的轮齿作为可见,画成粗实线,另一个齿轮的齿顶被遮挡,画成虚线,见图4-3-6(a),该虚线也可以省略不画。

（3）在投影为非圆的外形视图中,啮合区的齿顶线和齿根线不必画出,节线画成粗实线,见图4-3-6(c)。

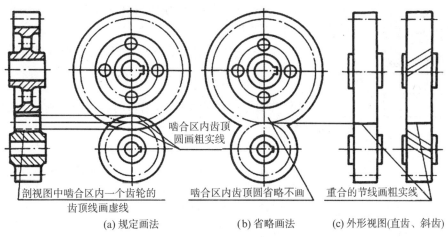

啮合区内齿顶圆画粗实线

剖视图中啮合区内一个齿轮的齿顶线画虚线

啮合区内齿顶圆省略不画

重合的节线画粗实线

(a) 规定画法　　　　　　(b) 省略画法　　　　　(c) 外形视图(直齿、斜齿)

图4-3-6　两圆柱齿轮啮合的画法

二、弹簧

弹簧是机器、车辆、仪表、电气中的常用零件,它主要用于减震、夹紧、储能和测力等方面。弹簧的特点是去除外力后,可立即恢复原状。

弹簧的种类很多,常见的有圆柱螺旋弹簧(图4-3-7)、涡卷弹簧(图4-3-8)、板弹簧(图4-3-9)、碟形弹簧(图4-3-10)等。

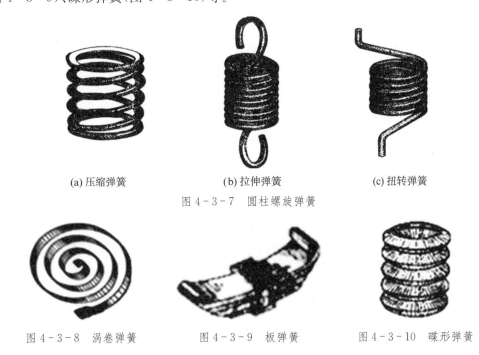

(a) 压缩弹簧　　　　　　(b) 拉伸弹簧　　　　　(c) 扭转弹簧

图4-3-7　圆柱螺旋弹簧

图4-3-8　涡卷弹簧　　　　图4-3-9　板弹簧　　　　图4-3-10　碟形弹簧

这里以应用最广的圆柱螺旋压缩弹簧为例说明其画法,见图 4-3-7(a)。

（一）圆柱螺旋压缩弹簧的有关术语和尺寸关系

圆柱螺旋压缩弹簧见图 4-3-11。

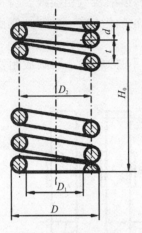

图 4-3-11 圆柱螺旋
压缩弹簧

(1) 簧丝直径 d：弹簧钢丝的直径。

(2) 弹簧外径 D：弹簧最大的直径。

(3) 弹簧内径 D_1：弹簧最小的直径。

(4) 弹簧中径 D_2：弹簧内径、外径的平均值,即

$$D_2 = (D + D_1)/2 = D - d = D_1 + d$$

(5) 节距 t：除支承圈外,相邻两有效圈上对应点之间的轴向距离。

(6) 支承圈数 n_0：为使弹簧受力均匀,保证中心轴线垂直于支承面,制造时需将两端并紧磨平,这部分圈数不起弹力作用,只起支承作用,一般支承圈数为 1.5 圈、2 圈和 2.5 圈 3 种,常用的是 2.5 圈。

(7) 有效圈数 n：除支承圈外,保持节距相等的圈数。

(8) 总圈数 n_1：支承圈与有效圈之和,即

$$n_1 = n_0 + n$$

(9) 自由高度 H_0：弹簧在没有负荷时的高度,即

$$H_0 = nt + (n_0 - 0.5)d$$

(10) 簧丝长度 L：弹簧钢丝展开后的长度,即

$$L = n_1 \sqrt{(\pi D_2)^2 + t^2}$$

螺旋弹簧分为左旋和右旋 2 类。

（二）圆柱螺旋压缩弹簧的画法

1. 几项基本规定

(1) 在平行于螺旋压缩弹簧轴线投影面的视图中,其各圈的轮廓不必按螺旋线的真实投影画出,可用直线来替代螺旋线的投影。

(2) 螺旋弹簧均可画成右旋,但左旋弹簧不论画成左旋还是右旋都要加注旋向"左"字,对必须保证旋向要求的右旋弹簧也必须在技术要求中注明"右旋"。

(3) 螺旋压缩弹簧如果两端并紧磨平,则不论支承圈多少和末端并紧情况如何,均按支承圈为 2.5 圈画出。

(4) 有效圈数在 4 圈以上的螺旋弹簧,中间各圈可以省略,只画出两端的 1～2 圈(不包括支承圈),中间只需要用通过簧丝断面中心的细点画线连起来。省略后,允许适当缩短图形的长度,但应注明弹簧设计要求的自由高度。

2. 单个弹簧的画法

单个弹簧的画法见图 4-3-12。

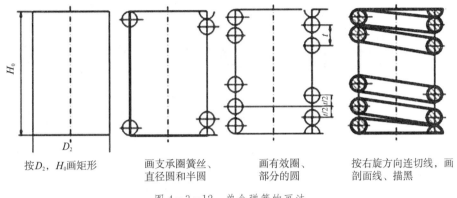

按D_2，H_0画矩形　　　画支承圈簧丝、　　　画有效圈、　　　　按右旋方向连切线，画
　　　　　　　　　　直径圆和半圆　　　部分的圆　　　　剖面线、描黑

图 4-3-12　单个弹簧的画法

3. 装配图中螺旋弹簧的画法

(1) 在装配图中，螺旋弹簧被剖切后，不论中间各圈是否省略，被弹簧挡住的结构一般不画，其可见部分应从弹簧的外轮廓或从簧丝剖面的中心线画起，见图 4-3-13(a)。

(2) 在装配图中，当簧丝直径在图形上等于或小于 2 mm 时，其断面可用涂黑表示，且中间的轮廓线不画，见图 4-3-13(b)；或采用示意画法，见图 4-3-13(c)。

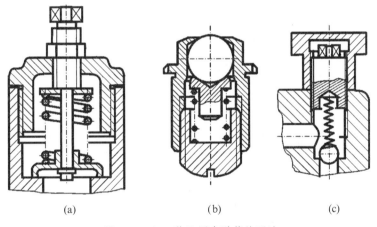

(a)　　　　　　　　　(b)　　　　　　　　　(c)

图 4-3-13　装配图中弹簧的画法

【任务实施】

模块　齿轮啮合的画法

〖任务要求〗
完成图 4-3-14 所示两个齿轮的啮合图。

〖任务准备〗
图纸、铅笔、直尺、橡皮、圆规、分规等。

〖任务操作〗
(1) 首先补全图 4-3-14 所示两齿轮的左视图，两齿轮啮合，节圆相切，齿顶圆画成粗实线，齿顶线在啮合区可省略不画。

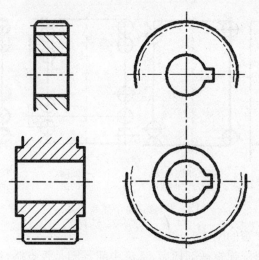

图4-3-14　补全齿轮的啮合图

（2）在非圆投影的剖视图中，两齿轮节圆相切，两轮节线重合，画细点画线，齿根线画粗实线。齿顶线画法是将一个齿轮的轮齿作为可见，画成粗实线，另一个齿轮的轮齿被遮住部分画成虚线，见图4-3-15。

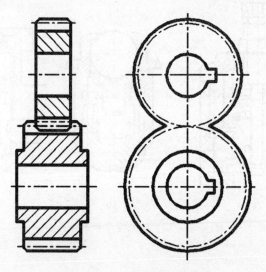

图4-3-15　齿轮的啮合画法

【任务评价】

在投影为圆的视图中，两轮节圆相切，画细点画线，齿顶圆画粗实线，齿根圆画细实线或省略不画；在非圆投影的剖视图中，节线重合，画细点画线，齿根线画粗实线，可见齿轮齿顶线画粗实线，被遮挡齿轮齿顶线画虚线或省略不画。

【任务拓展】

当齿轮的直径无限大时，齿轮就成为齿条，见图4-3-16(a)。此时，齿顶圆、分度圆、齿根圆和齿廓曲线都成为直线。齿轮与齿条啮合时，齿轮回转，齿条作直线运动。齿条的模数和齿形角应与齿轮的模数和齿形角相同。

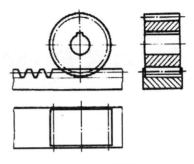

(a) 轴测图　　　　　　　　　　　　(b) 规定画法

图 4-3-16　齿轮齿条啮合画法

　　齿轮与齿条的啮合画法与两圆柱齿轮的啮合画法基本相同,见图 4-3-16(b)。在主视图中,齿轮的节圆与齿条的节线相切。在全剖的左视图中,应将啮合区的齿顶线之一画成粗实线,另一轮齿被遮挡的齿顶线画成虚线或省略不画。

【课后练习】

1. 在一对相啮合齿轮的视图中,两_____相切。

　　A. 齿顶圆　　　　　　　B. 节圆　　　　　　　C. 齿根圆　　　　　　D. 基圆

2. 在齿轮规定画法中,规定用细实线绘制_____线。

　　A. 分度圆　　　　　　　B. 齿根圆　　　　　　C. 齿顶圆　　　　　　D. 节圆

3. 在平行齿轮轴线方向投影为非圆的视图中,当为不剖的外形图时,两齿轮啮合区域的节线应画成_____。

　　A. 点画线　　　　　　　B. 粗实线　　　　　　C. 细实线　　　　　　D. 虚线

4. 一对啮合圆柱齿轮剖视图中,啮合区内应画_____条线。

　　A. 2　　　　　　　　　　B. 3　　　　　　　　　　C. 5　　　　　　　　　　D. 6

5. 螺旋弹簧在平行于轴线的投影面上的图形,其各圈的轮廓应画成_____。

　　A. 螺旋线　　　　　　　B. 直线　　　　　　　C. 曲线　　　　　　　D. 细实线

6. 有效圈数为_____圈以上时,螺旋弹簧的中间部分_____省略,并且_____缩短图形的长度。

　　A. 4/可以/不可　　　　B. 5/可以/不可　　　C. 4/可以/不可　　　D. 3/不可/可以

项目五　零件图的绘制

　　任何机器或部件，都是由若干个零件按一定的装配要求装配而成的。组成机器的最小单元称为零件。表达零件的结构形状、尺寸大小和技术要求的图样称为零件图，零件图是制造、加工、检验零件的依据。

　　图 5-0-1 所示为齿轮的零件图，一张完整的零件图应包括以下内容。

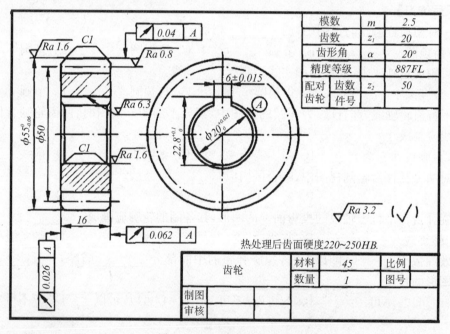

模数		m	2.5
齿数		z_1	20
齿形角		α	20°
精度等级			887FL
配对齿轮	齿数	z_2	50
	件号		

热处理后齿面硬度220~250HB.

	齿轮	材料	45	比例	
		数量	1	图号	
制图					
审核					

图 5-0-1　齿轮的零件图

　　(1) 一组视图。用一定数量的视图、剖视图、断面图等正确、完整、清晰、简单地表达出零件的结构和形状。主视图采用全剖视，左视图为基本视图，齿轮的结构形状已表达完整。

　　(2) 足够的尺寸。正确、完整、清晰、合理地标注出零件在制造、检验中所需的全部尺寸。零件的加工过程必须有足够的尺寸为依托，图 5-0-1 中有加工所需的所有尺寸。

　　(3) 技术要求。标注或说明零件在制造和检验中要达到的各项质量要求，如表面结构要求、尺寸公差、几何公差及热处理等。为保证加工精度，使零件能成为合格品，还必须对每个加工环节提出一定的要求，即所谓的公差，图 5-0-1 中有尺寸公差、形位公差及表面粗糙度等要求。另有用文字说明的技术要求：热处理后表面硬度 220~250HB。

（4）标题栏。说明零件的名称、材料、数量、比例及责任人签字等。

由于每个零件在装配体中所起的作用不同，所以结构形状也不同，结构相似的零件，其表达方法有共同之处。根据零件的作用和结构形状，大致可分成四类：即轴套类零件、盘盖类零件、叉架类零件和箱体类零件。本项目主要通过对四类典型零件表达方法的介绍，说明零件表达的要点、尺寸标注的注意事项以及零件图中的技术要求等。

任务 1 轴套类零件的表达

【任务描述】

轴套类零件一般由同轴线上不同直径的圆柱体（或圆锥体）构成。图 5-1-1 所示的轴属于轴套类零件。轴套类零件的基本形状是同轴回转体，沿轴线方向通常有轴肩、倒角、螺纹、退刀槽、键槽、销孔、凹坑等结构要素，如各类轴、衬套等。为了完整、清晰表达该类零件的形状和大小，应选用哪些视图？标注哪些尺寸？技术要求如何在图上注明？

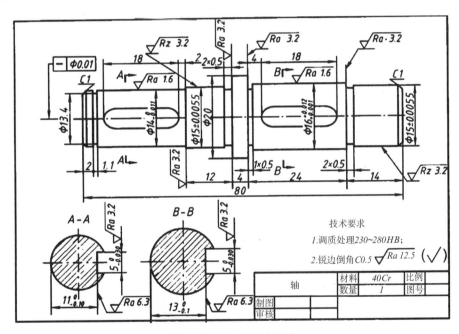

图 5-1-1 轴套类零件

【学习目标】

（1）能认识轴套类零件的结构特点、加工工艺；
（2）能正确表达轴套类零件，并进行合理的尺寸标注；
（3）能合理标注轴套类零件的技术要求；
（4）能识读常见轴套类零件图。

【相关知识】

一、视图选择分析

零件的视图选择，应首先考虑看图方便。根据零件的结构特点，选用恰当的表示方法。在正确、完整、清晰的前提下，力求制图简便。确定表达方案时，首先应合理地选择主视图，然后根据零件的结构特点和复杂程度恰当地选择其他视图。

（一）主视图的选择

主视图是零件表达的核心，应把最能反映零件结构形状特征的方向作为主视图的投影方向，图 5-1-1 所示为主视图的投影方向。

轴套类零件主要是在车床或磨床上加工的，为了表达轴套类零件轴向特征原则，将其轴线水平放置，既便于加工时图物对照，又能反映轴向结构形状。从轴的右端起，有 2 处 $\phi 15\pm0.005\,5$ 的轴颈，并分别有越程槽；$\phi 16^{+0.012}_{+0.001}$ 处有键槽，是安装轮类零件的部位，并有越程槽；中部 $\phi 20$ 为轴肩，$\phi 14^{0}_{-0.011}$ 处也有键槽，其左端有挡圈槽。

（二）其他视图的选择

主视图确定后，要运用形体分析法，分析该零件还有哪些形状和位置没有表达完整，再考虑如何将主视图上未表达清楚的部位辅以其他视图表达，并使每个视图都有表达重点。总之，要首先考虑看图方便，在充分表达清楚零件结构形状的前提下，尽量减少视图的数量，力求制图简便。如图 5-1-1 所示，为了表示两处键槽的深度，标注尺寸和表面结构参数代号，选用了两个移出断面 $A-A$ 和 $B-B$，再根据各部分结构特点，选用断面图或局部放大图。

（三）视图数量以及表达方法的选择

视图数量和表达方法应根据零件的具体结构特点和复杂程度而定，是机件表达法中学习的各种表达方法的综合应用，具体选择表达方案时，应注意合理、清晰。零件的主要结构形状应优先选用基本视图以及在基本视图上作剖视。次要结构、局部细节形状可用局部视图、斜视图、局部放大图、断面图等表达。

所以轴套类零件一般只有一个主视图，就能表达它的主要结构形状。对于轴上的销孔、键槽等结构，可采用移出断面。这样，既表达了它们的结构形状，也便于标注尺寸。对于轴上需要清楚表达的局部结构，如退刀槽、砂轮越程槽等，可采用局部放大的方法表达。

二、尺寸标注分析

零件图上的尺寸是零件加工、检验时的重要依据，是零件图的主要内容之一。在零件图上标注尺寸的基本要求是：正确、完整、清晰、合理。尺寸的正确性、完整性、清晰性要求在前面已作介绍，在此着重介绍合理标注尺寸的有关要求。

零件图尺寸的合理性，是指所注尺寸应符合设计要求和工艺要求。设计要求是指零件按规定的装配基准正确装配后，应保证零件在装配体中获得准确的预定位置、必要的配合性质、规定的运动条件或要求的连接形式，从而保证产品的工作性能和装配精度，保证机器的使用质量。这就要求正确选择尺寸基准，直接注出零件的主要尺寸等。工艺要求是指零件在加工过程中要便于加工制造。这就要求零件图所注的尺寸应与零件的安装定位方式、加工方法、加工顺序、测量方法等相适应，以使零件加工简单、测量方便。

（一）基准的位置选择

零件中可以选为基准的位置主要有对称平面、孔轴的轴线、主要加工面、安装面、端面等。

（二）基准的分类

尺寸基准就是标注、度量尺寸的起点。选择零件的尺寸基准时，首先要考虑功能设计要求，其次考虑方便加工和测量，为此有设计基准和工艺基准之分。

1. 设计基准

根据零件的结构特点和设计要求所选定的基准称为设计基准。一般是在装配体中确定零件位置的面或线。

如图 5-1-2 所示,传动轴是通过两个滚动轴承支承在箱体两侧的同心孔内,实现径向定位的;轴向以轴肩 C 与滚动轴承接触定位。因此,从设计要求出发,该轴的径向基准为轴线,轴向基准为轴肩 C。

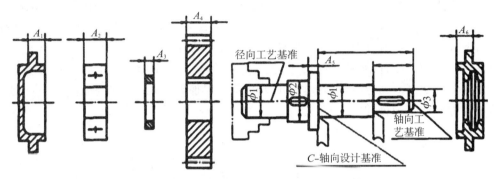

图 5-1-2　零件尺寸的设计基准与工艺基准

2. 工艺基准

为方便零件的加工和测量而选定的基准称为工艺基准。一般是在加工过程中确定零件在机床上的装夹位置或测量零件尺寸时所利用的面或线。

根据图 5-1-2,从传动轴在车床上加工时的装夹及测量情况可以看出,其轴线既是径向设计基准又是径向工艺基准。而车削时车刀的轴向终点位置是以右端面为基准来定位的,故右侧轴段的轴向尺寸应以右端面为基准,因此,右端面为轴向工艺基准。

(三) 基准的选择原则

(1) 零件的长、宽、高三个方向,每一方向至少应有一个尺寸基准。若有几个基准,其中必有一个主要基准(一般为设计基准),其余为辅助基准(一般为工艺基准),主要基准与辅助基准之间必须有直接的尺寸联系。

(2) 应尽量使设计基准与工艺基准重合,以减少因基准不一致而产生的误差。当工艺基准与设计基准不重合时,主要尺寸要按实际基准标注尺寸,即在满足设计要求的前提下,力求满足工艺要求。

根据上述基准选择的要求,图 5-1-1 所示轴的径向尺寸基准是轴的轴线,并注出各段轴的直径尺寸。φ20 轴肩的右端面是轴的长度方向尺寸基准,从基准出发向右顺次注出尺寸 24 和 14,向左注出尺寸 4 和 12,从轴的右端面注出轴的总长尺寸 80。2 个键槽长度的定位尺寸为 4 和 2,定形尺寸长度均为 18,其键槽宽度和深度尺寸在 2 个移出断面图中标注。挡圈槽的定位尺寸为 2,槽宽为 1.1。

(四) 尺寸的排列形式

根据尺寸在图上的布置特点,尺寸的排列形式有下列三种。

(1) 坐标式(也称基准型尺寸配置):同一方向的尺寸从同一基准注起,见图 5-1-3(a)。这种形式的优点是任一尺寸的加工误差不影响其他尺寸的加工精度,且不会产生积累误差;缺点是很难保证每一环的尺寸精度要求。坐标法常用于标注需要从一个基准定出一组精确尺寸的零件。

（2）链接式（也称连续型尺寸配置）：同一方向的尺寸首尾衔接，一环扣一环，形似链条，前一尺寸终止处即为后一尺寸的起点，见图 5-1-3(b)。这种形式的优点是可以保证每一环尺寸精度要求；缺点是在链接方向的总尺寸误差为该方向的各段尺寸误差之和。在机械制造业中，链接式常用于标注阶梯状零件中尺寸要求十分精确的各段以及用组合刀具加工的零件等。

（3）综合式（也称综合型尺寸配置）：是链状式与坐标式的综合，见图 5-1-3(c)。同一方向上，一部分尺寸从同一个基准注起，另一部分尺寸从前一尺寸的终点注起。这种形式兼有上述两种形式的优点，是实际标注时经常采用的方法。

在综合型尺寸配置中，在保证尺寸完整、清晰的基础上，应留有几个非重要尺寸空出不标注，见图 5-1-3(c)，这样，各尺寸的加工误差都累加到这几个空出未标注的尺寸上，显然这种尺寸标注最为合理。

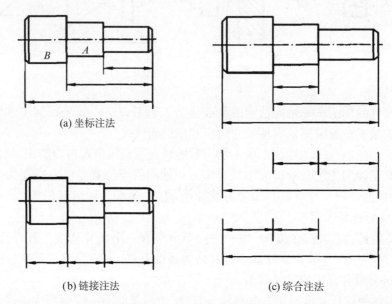

(a) 坐标注法

(b) 链接注法　　　　　　　　　(c) 综合注法

图 5-1-3　尺寸的排列形式

（五）标注尺寸的注意事项

1. 不要注成封闭的尺寸链

同一方向上各段尺寸首尾相接形成封闭回路，称为封闭尺寸链。图 5-1-4(b)所示的尺寸标注构成了封闭尺寸链。如果按尺寸 $26_0^{+0.2}$,6,18(6,18 属一般公差的尺寸)分别加工，这 3 段尺寸的加工误差就会积累到总长 50 上，而使尺寸 50 的偏差难以保证。图 5-1-4(a)中将不重要尺寸 6 作为开口环不注尺寸，使已注出的 3 个尺寸的误差积累到开口环上，此注法可保证有设计要求的尺寸精度。

2. 标注尺寸要考虑工艺要求

（1）倒角和倒圆的尺寸标注。为了去除零件的毛刺、锐边和便于装配，在轴或孔的端部一般都加工成倒角，倒角通常为 45°，必要时可采用 30°或 60°。倒角用"C"表示，其后的数值代表倒角的宽度，45°倒角的画法和尺寸标注见图 5-1-5(a)～(d)。

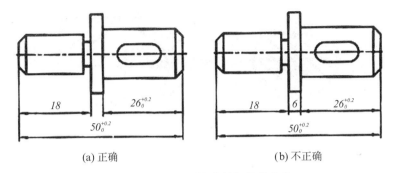

(a) 正确　　　　　　　　　　(b) 不正确

图 5-1-4　不要注成封闭的尺寸链

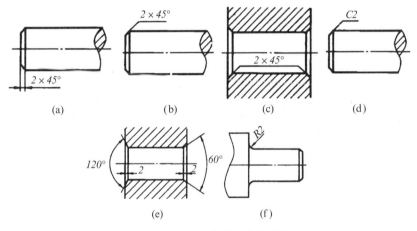

图 5-1-5　倒角与圆角的尺寸标注

非 45°倒角必须分别注出角度和宽度,见图 5-1-5(e)。

为了避免应力集中而产生裂纹,在轴肩处往往加工成圆角过渡的形式,称为倒圆,以"R"表示,见图 5-1-5(f)。

(2)退刀槽及砂轮越程槽的尺寸标注。退刀槽和越程槽尺寸标注,其宽度尺寸应直接标出。三种标注如下:宽度尺寸和槽的直径尺寸可单独标出,见图 5-1-6(b);槽宽×直径,见图 5-1-6(c);槽宽×槽深,见图 5-1-6(d)。

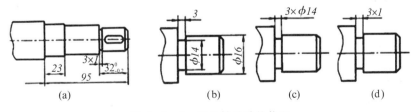

图 5-1-6　退刀槽及砂轮越程

(3)键槽深度的尺寸标注。如图 5-1-7 所示,表示轴上和轮毂孔上键槽的深度尺寸以圆柱面素线为基准进行标注,槽深不能直接标出。对于轴,t=轴的直径-槽深;对于轮毂,t=孔的直径+槽深。

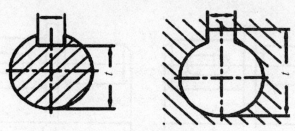

图 5-1-7　键槽深度的尺寸标注

3. 标注尺寸应便于加工和测量

在图 5-1-8(a)中,阶梯轴的加工顺序是:先加工直径为 $\phi 22$,长度为 70 的外圆;再加工直径为 $\phi 15$,长度为 53 的外圆;然后在长度 26 的左端切一个 $2\times\phi 8$ 的退刀槽;最后加工 M10 的螺纹和倒角。上述几个轴段都是以右端面为加工时的测量基准的,所以标尺寸时应按图 5-1-8(b)所示。

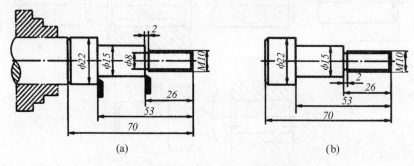

(a)　　　　　　　　　　　　　　(b)

图 5-1-8　标注尺寸便于加工

图 5-1-9(a)标注的尺寸不便于测量,而图 5-1-9(b)标注的尺寸便于测量。

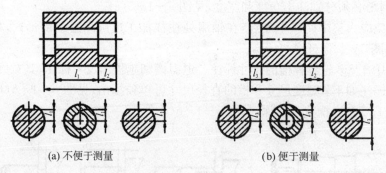

(a) 不便于测量　　　　　　　　　(b) 便于测量

图 5-1-9　标注尺寸应便于测量

三、公差与配合

(一) 公差与配合的基本概念

公差与配合的术语图解见图 5-1-10(a)。

(1) 互换性。在现代化大生产中,要求机器中的零件或部件具有互换性。互换性是指从加工完的一批规格大小相同的零件或部件中任取一件,不经任何辅助加工及修配,就能立即装配到机器或部件上,并能保证使用要求。互换性必须以执行统一的标准作为技术保证,尺寸的互换性则由国家标准《公差与配合》给予保证。

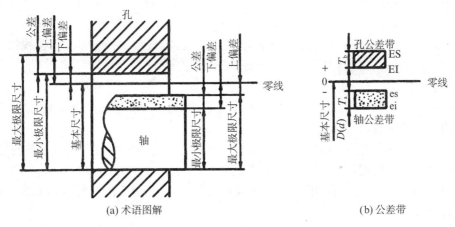

图 5-1-10　术语图解和公差带示意

（2）尺寸。以特定单位表示线性尺寸的数值。它包括长度、宽度、高度、厚度、直径、半径等，由数值和长度单位组成。

（3）基本尺寸。设计零件时选定的尺寸。

（4）实际尺寸。通过测量获得的孔、轴尺寸。

（5）极限尺寸。在保证互换性的前提下，孔或轴允许尺寸的两个极限值。①最大极限尺寸：孔或轴允许的最大尺寸。②最小极限尺寸：孔或轴允许的最小尺寸。

极限尺寸可以大于、小于或等于基本尺寸，产品的实际尺寸应在极限尺寸范围内。

（6）极限偏差。极限尺寸与基本尺寸的代数差，可以为正或负，也可能为零。极限偏差分为上偏差和下偏差。

$$上偏差＝最大极限尺寸－基本尺寸$$
$$下偏差＝最小极限尺寸－基本尺寸$$

孔的上、下极限偏差代号用大写字母 ES 和 EI 表示；轴的上、下极限偏差代号用小写字母 es 和 ei 表示。

（7）实际偏差。

$$实际偏差＝实际尺寸－基本尺寸$$

合格产品的实际偏差应在上、下偏差范围内，即下偏差≤实际偏差≤上偏差。

（8）尺寸公差。零件在制造过程中由于受机床精度、刀具磨损、测量误差等因素的影响，完工后的一批零件的实际尺寸与设计时给定的尺寸之间总存在着一定的误差。为了保证互换性，必须将零件的实际尺寸控制在允许的尺寸变动范围内，这个允许的尺寸变动量称为尺寸公差。

尺寸公差简称公差，为最大极限尺寸与最小极限尺寸之差，或上偏差与下偏差之差。它是尺寸允许的变动量，值恒为正，不可能为零。

$$公差＝|最大极限尺寸－最小极限尺寸|＝|ES(es)－EI(ei)|$$

（9）公差带。为方便分析尺寸公差和进行计算，以基本尺寸为基准（零线），用夸大了间距的两条直线表示上、下极限偏差，这两条直线所限定的区域称为公差带。区域的大小由公差值(标准公差)决定;区域相对零线的位置由靠近零线的极限偏差(基本偏差)来确定,见图 5-1-10(b)。

在公差带图中,零线是确定正、负偏差的基准线,零线以上为正偏差,零线以下为负偏差。

(二) 标准公差

标准公差是国标规定的确定公差带大小的系列公差。标准公差的代号是"IT",公差等级用阿拉伯数字表示。

标准公差等级分 IT01,IT0,IT1 至 IT18 共 20 级。IT 后面的数字表示公差的等级,用于衡量尺寸加工精确度,数字越大,其公差值越大,加工精度越低。

等级的选用:IT01~IT4 用于块规和量具;IT5~IT12 用于配合尺寸;IT13~IT18 用于非配合尺寸。

部分公差的数值见表 5-1-1。从表中可以看出,影响标准公差值大小的因素有两个:第一是基本尺寸。同一公差等级,基本尺寸由小到大,其公差值也由小到大。第二是精度的高低。同一基本尺寸,公差等级值由高到低,其公差值由小到大。因此,任一标准公差数值均由基本尺寸和公差等级所确定。

表 5-1-1　基本尺寸小于 500 mm 的标准公差数值

基本尺寸/ mm		标准公差等级																
		IT1	IT2	IT3	IT4	IT5	IT6	IT7	IT8	IT9	IT10	IT11	IT12	IT13	IT14	IT15	IT16	IT17	IT18
大于	至	μm											mm						
6	10	1	1.5	2.5	4	6	9	15	22	36	58	90	0.15	0.22	0.36	0.58	0.9	1.5	2.2
10	18	1.2	2	3	5	3	11	18	27	43	70	110	0.18	0.27	0.43	0.70	1.1	1.8	2.7
18	30	1.5	2.5	4	6	9	13	21	33	52	84	130	0.21	0.33	0.52	0.84	1.3	2.1	3.3
30	50	1.5	2.5	4	7	11	16	25	39	62	100	160	0.25	0.39	0.62	1.00	1.6	2.5	3.9
50	80	2	3	5	8	13	19	30	46	74	120	190	0.30	0.46	0.74	1.20	1.9	3.0	4.6
80	120	2.5	4	6	10	15	22	35	54	87	140	220	0.35	0.54	0.87	1.40	2.2	3.5	5.4
120	180	3.5	5	8	12	18	25	40	63	100	160	250	0.40	0.63	1.00	1.60	2.5	4.0	6.3
180	250	4.5	7	10	14	20	29	46	72	115	185	290	0.46	0.72	1.15	1.85	2.9	4.6	7.2
250	315	6	8	12	16	23	32	52	81	130	210	320	0.52	0.81	1.30	2.10	3.2	5.2	8.1
315	400	7	9	13	18	25	36	57	89	140	230	360	0.57	0.89	1.40	2.30	3.6	5.7	8.9
400	500	8	10	15	20	27	40	63	97	155	250	400	0.63	0.97	1.55	2.50	4.0	6.3	9.7

(三) 基本偏差

确定公差带相对零线位置的极限偏差称为基本偏差。它可以是上偏差或下偏差,一般为靠近零线的那个偏差。当公差带位于零线上方时,基本偏差为下偏差(+);当公差带位于零线下方时,基本偏差为上偏差(-)。国标规定孔、轴基本偏差代号各 28 个,形成了基本偏差系列,见图 5-1-11。图中上部为孔的基本偏差系列,代号用大写字母 A~ZC 表示,孔的基本偏差 A~H 为下偏差,其中代号 H 在零线上,所以 H 的基本偏差值为 0;J~

ZC 为上偏差,JS(J)的上、下偏差完全对称分布在零线的两侧,因而它的上、下偏差分别为 $+\dfrac{IT}{2}$ 和 $-\dfrac{IT}{2}$,图中未注出其基本偏差(两端都开口)。下部为轴的基本偏差系列,代号用小写字母 a~zc 表示。轴的基本偏差 a~h 为上偏差,其中代号 h 在零线上,所以 h 的基本偏差值为 0;j~zc 为下偏差,js(j)的上、下偏差也分别为 $+\dfrac{IT}{2}$ 和 $-\dfrac{IT}{2}$,图中未注出其基本偏差(两端都开口)。在基本偏差系列图中,各图只表示公差带的位置,而没有表示公差带的大小,因此公差带一端为开口,开口的另一端应由相应的标准公差确定。

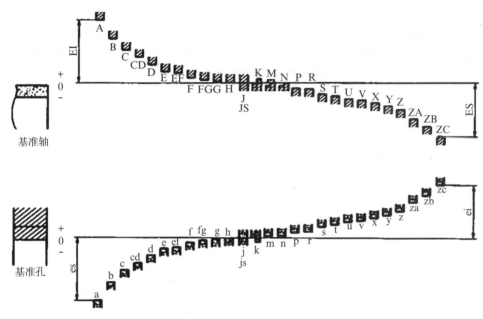

图 5-1-11　基本偏差系列

孔和轴的部分基本偏差值分别见表 5-1-2 和表 5-1-3。从表中可知,各基本偏差值的大小取决于基本尺寸和所选的位置。

表 5-1-2　孔的部分基本偏差

公称尺寸/mm		公差带/μm											
		E	D	F	G	H				K	N	P	S	U
大于	至	11	9	8	7	7	8	9	11	7	7	7	7	7
—	3	+120 +60	+45 +20	+20 +6	+12 +2	+10 0	+14 0	+25 0	+60 0	0 −10	−4 −14	−6 −16	−14 −21	−18 −28
3	6	+145 +70	+60 +30	+28 +10	+16 +4	+12 0	+18 0	+30 0	+75 0	+3 −9	−4 −16	−8 −20	−15 −27	−19 −31
6	10	+170 +80	+76 +40	+35 +13	+20 +5	+15 0	+22 0	+36 0	+90 0	+5 −10	−4 −19	−9 −24	−17 −32	−22 −37

（续表）

公称尺寸/mm		公差带/μm												
		E	D	F	G	H				K	N	P	S	U
大于	至	11	9	8	7	7	8	9	11	7	7	7	7	7
10	14	+205	+93	+43	+24	+18	+27	+43	+110	+6	-5	-11	-21	-26
14	18	+95	+50	+16	+6	0	0	0	0	-12	-23	-29	-39	-44
18	24	+240	+117	+53	+28	+21	+33	+52	+130	+6	-7	-14	-27	-33 / -54
24	30	+110	+65	+20	+7	0	0	0	0	-15	-28	-35	-48	-40 / -61

表 5‑1‑3　轴的部分基本偏差

公称尺寸/mm		公差带/μm												
		e	d	f	g	h				k	n	p	s	u
大于	至	11	9	7	6	6	7	9	11	6	6	6	6	6
—	3	-60 / -120	-20 / -45	-6 / -16	-2 / -8	0 / -6	0 / -10	0 / -25	0 / -60	+6 / +0	+10 / +4	+12 / +6	+20 / +14	+24 / +18
3	6	-70 / -145	-30 / -60	-10 / -22	-4 / -22	0 / -8	0 / -12	0 / -30	0 / -75	+9 / +1	+16 / +8	+20 / +12	+27 / +19	+31 / +23
6	10	-80 / -170	-40 / -76	-13 / -28	-5 / -14	0 / -9	0 / -15	0 / -36	0 / -90	+10 / +1	+19 / +10	+24 / +15	+32 / +23	+37 / +28
10	14	-95 / -205	-50 / -93	-16 / -34	-6 / -17	0 / -11	0 / -18	0 / -43	0 / -110	+12 / +1	+23 / +12	+29 / +18	+39 / +28	+44 / +33
14	18													
18	24	-110 / -240	-65 / -117	-20 / -41	-7 / -20	0 / -13	0 / -21	0 / -52	0 / -130	+15 / +2	+28 / +15	+35 / +22	+48 / +35	+54 / +41
24	30													+61 / +48

　　公差带的大小取决于公差值的大小（精度等级）。公差带相对于零线的位置取决于基本偏差的大小。必须既给定公差值以确定公差带的大小，又给定一个基本偏差（上偏差或下偏差）以确定公差带的位置，这样才能完整地描述一个公差带。

　　（四）配合类型和配合制度

　　1. 配合类型

　　基本尺寸相同、相互结合的孔和轴公差带之间的关系称为配合。根据设计、工艺要求和生产实际的需要，国标将配合分为三类：间隙配合、过盈配合、过渡配合。装配后可能出现"间隙"或"过盈"。当孔的尺寸与相配合轴的尺寸的代数差为正时是间隙，为负时是过盈。

　　（1）间隙配合：具有间隙（含最小间隙为零）的配合。此时孔的公差带在轴的公差带之上，见图 5‑1‑12。主要用于工作时有相对运动或无相对运动但要求装拆方便的孔与轴之间的配合，如轴与滑动轴承之间、活塞销与销座之间的配合。表示对间隙配合松紧程度要求的特征值是最大间隙和最小间隙。

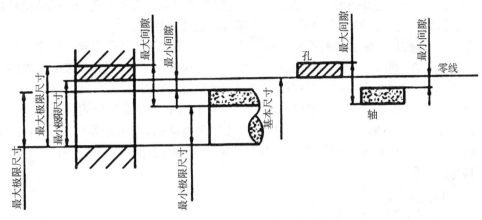

图 5-1-12　间隙配合

（2）过盈配合：具有过盈（含最小过盈为零）的配合。此时孔的公差带在轴的公差带之下，见图 5-1-13。主要用于靠过盈保证相对静止或传递负荷的轴与孔之间的配合，如组合式曲轴的曲臂与主轴颈、曲柄销之间的配合。表示对过盈配合松紧程度要求的特征值是最大过盈和最小过盈。

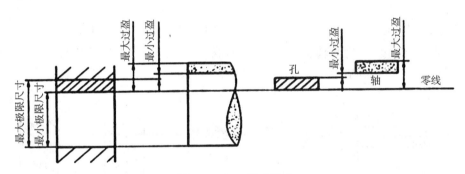

图 5-1-13　过盈配合

（3）过渡配合：可能具有间隙或过盈的配合。此时孔的公差带和轴的公差带相互交叠，见图 5-1-14，主要用于定中性好且适宜经常拆装的场合，如滚动轴承内外圈与轴和座孔之间的配合。表示对过渡配合松紧程度要求的特征值是最大间隙和最大过盈。

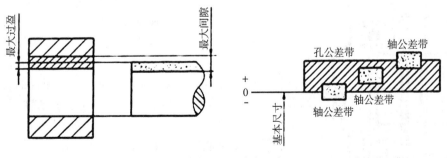

图 5-1-14　过渡配合

2. 配合制度

为了得到孔与轴之间各种不同的配合,需要变动公差带。而如果孔和轴的公差带都可以任意变动,就会有许多种配合情况,不利于零件的设计和加工。

实际生产过程是:在加工相互配合的一对孔和轴的过程中,将孔或轴其中之一定为基准件,另一个零件为非基准件,加工时让基准件的基本偏差不变,而通过改变非基准件的基本偏差来实现不同的配合性质,这种配合制度称为基准配合制度。

(1) 基孔制。基本偏差为一定的孔的公差带与不同基本偏差的轴的公差带形成各种配合的一种配合制度,称为基孔制。基孔制的孔称为基准孔,基本偏差代号为 H,下偏差为 0,见图 5-1-15。基孔制中,轴的基本偏差 a~h 用于间隙配合,j~n 用于过渡配合,p~zc 用于过盈配合。

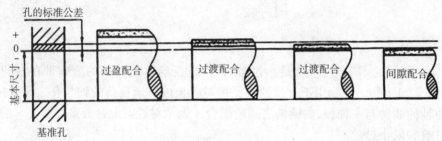

图 5-1-15　基孔制配合

(2) 基轴制。基本偏差为一定的轴的公差带与不同基本偏差的孔的公差带形成各种配合的一种配合制度,称为基轴制。基轴制的轴称为基准轴,基本偏差代号为 h,上偏差为 0,见图 5-1-16。基轴制中,孔的基本偏差 A~H 用于间隙配合,J~N 用于过渡配合,P~ZC 用于过盈配合。

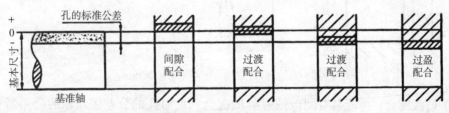

图 5-1-16　基轴制配合

基准配合制度的选择主要考虑加工的经济性和结构的合理性。由于加工孔比轴困难,

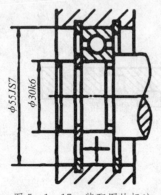

图 5-1-17　装配图的标注

故应优先选择基孔制配合,这样可以减少加工孔时所用刀具、量具的规格数量,既方便加工,又比较经济。当等直径轴的不同部位装有不同配合要求的几个零件时,采用基轴制就较为合理。另外,当非标准件与标准件形成配合时,应按标准件确定配合制度。例如,与滚动轴承内孔配合的轴应采用基孔制,而与滚动轴承外圆配合的孔应采用基轴制,在装配图上只注写非标准件的公差,见图 5-1-17。

在两种基准制中,一般情况下优先选用基孔制。又由于加工孔难于加工轴,所以常把孔的公差等级选得比轴低一级。

（五）公差与配合的标注

1. 零件图上的标注

在零件图上标注公差有三种形式。

（1）代号标注法：只标注公差带代号，见图 5 - 1 - 18(a)。

（2）数值标注法：只标注上、下偏差，见图 5 - 1 - 18(b)。

（3）代号数值标注法：同时标注公差带代号和极限偏差数值，见图 5 - 1 - 18(c)。

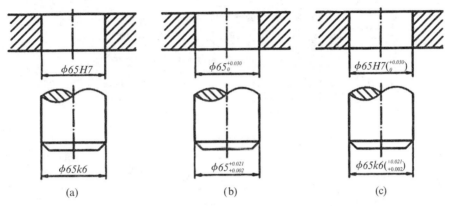

图 5 - 1 - 18　零件图公差带三种标注形式

2. 装配图上的标注

在装配图上标注公差与配合时，采用组合式注法，见图 5 - 1 - 19。在基本尺寸后用分数形式注出，分子为孔的公差带代号，分母为轴的公差带代号。

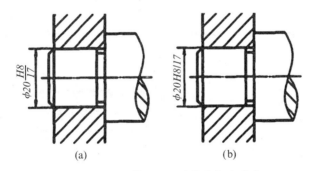

图 5 - 1 - 19　装配图公差带的标注形式

【任务实施】

模块　补画传动轴零件图

〖任务要求〗

看懂图 5 - 1 - 20 所示的传动轴零件图后，在指定位置画出 $B-B$ 断面图，并标注螺孔尺寸 M8 - 7H，键槽深 $t_1 = 2.5$，按 $d - t_1$ 标注。

〖任务准备〗

图纸、铅笔、直尺、橡皮、圆规、分规等。

〖任务操作〗

首先分析传动轴零件图，由主视图可知轴右端直径φ17k6，轴前面有一键槽，槽宽 4。分析轴右端 $A-A$ 局部剖视图，可知轴右端沿轴线方向钻有一螺孔结构，所以 $B-B$ 方向的断面图应把螺孔和键槽的结构特征均表达出来。画出 $B-B$ 断面图，见图 5-1-21。

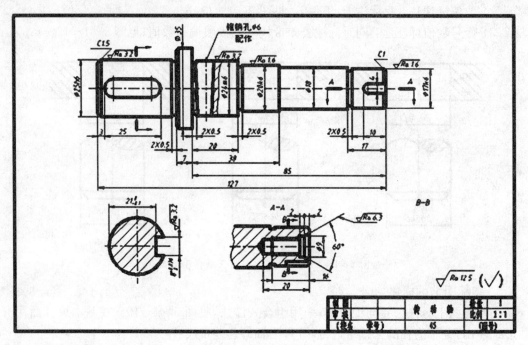

图 5-1-20　传动轴零件图

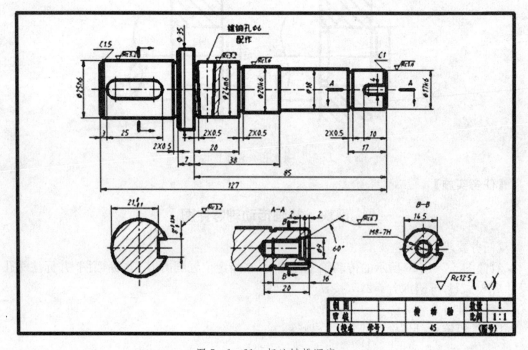

图 5-1-21　标注键槽深度

结合给出的螺孔尺寸 M8-7H,键槽深 t_1＝2.5,螺孔尺寸直径在断面图中标注在大径上。因轴上的键槽槽深不能直接给出,所以按照轴径减去槽深的方法间接给出,用 $d-t_1$ 在断面图中标注,见图 5-1-21。

【任务评价】

轴套类零件的零件图,可采用一个基本视图加上若干移出断面图来表达轴上的销孔、键槽等。对于轴上的键槽,槽深不能直接给出,应按轴径减槽深的方法间接给出。

【任务拓展】

以图 5-1-22(a)所示小轴的加工尺寸为例,完成从下料到各轴颈加工的加工工艺过程。

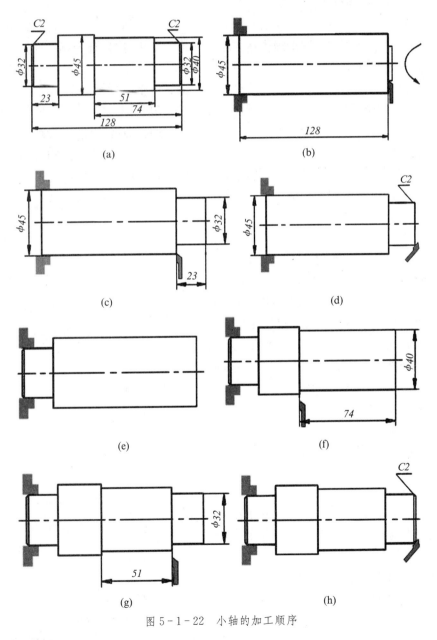

图 5-1-22　小轴的加工顺序

(1) 下料,ϕ45,长 128,见图 5-1-22(b)。

(2) 车ϕ32 圆柱,长 23,见图 5-1-22(c)。

(3) 倒角 C2,见图 5-1-22(d)。

(4) 工件掉头,见图 5-1-22(e)。

(5) 车ϕ40 圆柱,长 74,见图 5-1-22(f)。

(6) 车ϕ32 圆柱,保证设计要求的长 51 的尺寸,见图 5-1-22(g)。

(7) 倒角 C2,见图 5-1-22(h)。

【课后练习】

1. 生产和检验零件的依据是_____。

    A. 三视图   B. 断面   C. 局部放大   D. 拆卸画法

2. 零件图中除了一组完整、清晰地表达零件结构形状的视图外,还包括_____。

    A. 部件性能尺寸   B. 调试要求

    C. 标题栏   D. 零部件序号和明细栏

3. 在零件图上,旋转零件轮毂孔上的键槽深度尺寸一般应_____。

    A. 不标注   B. 用孔直径与键槽深度之和来表示

    C. 直接注出   D. 用孔直径与键槽深度之差来表示

4. 关于零件图中零件尺寸的标注原则,下列说法中不正确的是_____。

    A. 尺寸标注应符合加工顺序和便于测量

    B. 尺寸不应注成封闭的尺寸链

    C. 重要的尺寸应直接注出

    D. 各轴向尺寸应选择同一轴向尺寸基准

5. 关于零件图中零件尺寸的标注,下列说法中正确的是_____。

    A. 基准按用途可分为设计基准和工艺基准

    B. 基准按用途可分为设计基准和定位基准

    C. 基准按用途可分为安装基准和工艺基准

    D. 基准按用途可分为工艺基准和定位基准

6. 国标规定,公差带的宽度由_____决定,公差带的位置由_____决定。

    A. 精度/基本偏差   B. 标准公差/偏差

    C. 标准公差/基本偏差   D. 基本尺寸/实际尺寸

7. 基孔制中,基准孔的基本偏差为_____。

    A. H   B. h   C. A～H   D. a～h

8. 过盈配合是孔的公差带在轴的公差带_____,即孔的实际尺寸_____(或等于)轴的实际尺寸而具有过盈(包括最小过盈等于零)的配合。

    A. 之下/大于   B. 之上/大于

    C. 之下/小于   D. 之上/小于

9. 基轴制中,间隙配合的基本偏差为_____。

    A. 孔为 A～H   B. 轴为 a～h

    C. 轴为 h   D. 孔为 A～H 和轴为 h

任务 2　盘盖类零件的表达

【任务描述】

图 5-2-1 所示的端盖属于盘盖类零件。盘盖类零件的结构形状特点是轴向尺寸小而径向尺寸较大,零件的主体多数由共轴回转体构成,也有的主体形状是矩形,并在径向分布有螺孔或光孔、销孔、轮辐等结构,如各种端盖、齿轮、带轮、手轮、链轮、箱盖等。为了完整、清晰表达该类零件的形状和大小,应选用哪些视图? 标注哪些尺寸? 技术要求如何在图上注明?

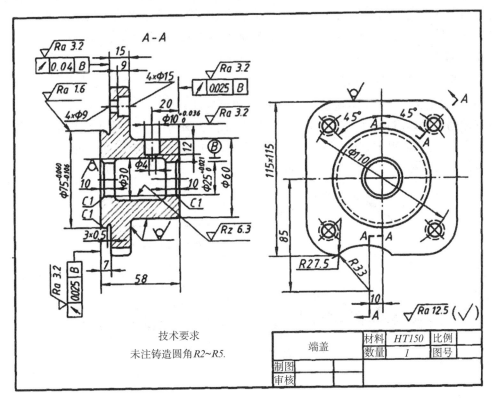

图 5-2-1　盘盖类零件

【学习目标】

(1) 能认识盘盖类零件的结构特点、加工工艺;

(2) 能正确表达盘盖类零件,并进行合理的尺寸标注;

(3) 能合理标注盘盖类零件的技术要求;

(4) 能识读常见盘盖类零件图。

【相关知识】

一、视图选择分析

端盖的主视图是以加工位置和表达轴向结构形状特征为原则选取的,并采用 A-A 复合全剖视图。它表达了端盖的轴向结构层次,两端有轴孔 $\phi 25^{+0.021}_{0}$,中间空刀处有油杯孔;

表达了端盖板厚和沉头孔深度、定心圆柱面直径$\phi 75^{-0.060}_{-0.106}$及其厚度。

由于盘盖类零件不仅大多有回转体，而且还经常带有各种形状的凸缘、均布的圆孔和肋等局部结构，所以仅采用一个主视图，还不能完整地表达零件。此时，就需要增加其他基本视图，如左视图或右视图。图5-2-1中的左视图表达了端盖径向结构形状特征，是大圆角方形结构，等分布四个沉头孔，其下方板厚处偏移中心线挖掉$R33$的柱面。

盘盖类零件一般选两个视图，一个是轴向的剖视图，另一个是径向基本视图。

二、尺寸标注分析

端盖主视图的左端面为零件的长度方向尺寸基准，从基准出发注出尺寸7,58,10。油杯孔的定位尺寸20,端盖板厚尺寸15和沉头孔深度尺寸9等，都是根据结构工艺要求从各自的辅助基准注出的。轴孔等直径尺寸都是以轴线为基准注出的。在左视图中，以中心线分别为零件的宽度、高度方向尺寸基准，从基准出发标注端盖的定形尺寸115×115,定位尺寸85,$\phi 110$,10,45°。$R33$和$R27.5$是定形尺寸。

三、表面结构要求和标注

（一）表面结构要求的基本概念

零件的表面，经过各种加工后，仍表现为凹凸不平，不平表面是由形状极不规则而且分布没有规律的凸峰和凹谷组成的。这种零件表面的几何形态称为表面形貌。

零件的表面形貌分为宏观几何形状、表面波度和微观几何形状，见图5-2-2。

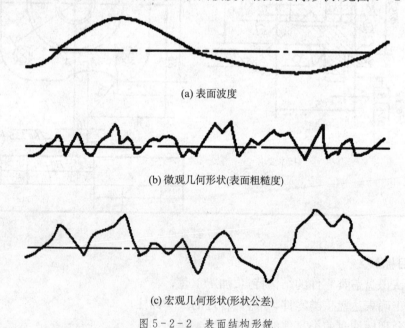

(a) 表面波度

(b) 微观几何形状(表面粗糙度)

(c) 宏观几何形状(形状公差)

图5-2-2　表面结构形貌

宏观几何形状取决于加工设备及刀具刚度、精度，是宏观表面轮廓线与名义几何形状的偏差，如圆度、圆柱度（即形状公差）；表面波度取决于加工系统的振动频率，是表面上周期性重复出现的几何形状误差；微观几何形状（表面粗糙度）取决于车、铣、刨、磨等加工方式，以及刀具的运动和磨损程度等，是微观表面轮廓的几何形状偏差，这种零件表面结构出现由间距较小的轮廓峰谷所组成的微观几何形状误差对零件的配合性质、传动精度、疲劳强度、耐磨性、抗腐蚀性和密封性等影响很大。

（二）表面结构的轮廓参数

根据零件表面工作情况的不同，对其表面结构要求也各有不同，国标（GB/T 3505—2000）规定零件表面轮廓参数有 R 轮廓（粗糙度参数）、W 轮廓（波纹度参数）和 P 轮廓（原始轮廓参数）。表面结构的各项要求在图样上的表示法在 GB/T 131—2006 中均有具体规定，本书主要介绍常用的表面粗糙度表示法。

（三）表面粗糙度

表面粗糙度是指零件加工后表面上具有较小间距与峰谷所组成的微观不平整度，即 R 轮廓，其评定参数有轮廓算术平均偏差和轮廓最大高度，见图 5-2-3。

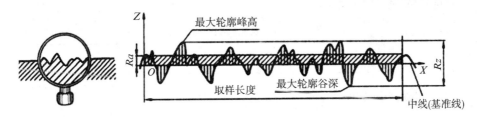

图 5-2-3 轮廓算术平均偏差 Ra 和轮廓最大高度 Rz

轮廓算术平均偏差，用代号"Ra"表示；轮廓最大高度，用代号"Rz"表示。

$$Ra = \frac{1}{n}\sum_{i=1}^{n}|y_i|$$

现标准中表面结构参数代号和参数的名称与 1993 年的旧标准相比有较大改变。旧标准的表面粗糙度代号 Rz（微观不平度十点平均高度——在取样长度内五个最大的轮廓峰高的平均值与五个最大的轮廓谷深的平均值之和，单位 μm。）已经不再被认可为标准代号。现标准的 Rz 为旧标准 Ry 的定义，Ry 的代号不再使用。

轮廓算术平均偏差 Ra 是指在规定的评定长度内，被评定表面轮廓上各点至基准线之间距离 $Z(z)$ 绝对值的算术平均值，单位 μm。

轮廓最大高度 Rz 是指在规定的评定长度内，最大轮廓峰高与最大轮廓谷深的绝对值之和，单位 μm。

工程上常采用的是 Ra，显然 Ra 的数值越小，则表明零件表面越光滑。

（四）有关表面粗糙度检验规范的基本术语

检验表面粗糙度的参数值必须在特定条件下进行。国标规定，图样中注写参数代号及其数值要求的同时，还应明确其检验规范。

1. 取样长度和评定长度

以粗糙度高度参数的测量为例，由于表面轮廓的不规则性，测量结果与测量段的长度密切相关。因此，如图 5-2-3 所示，在 X 轴上选取一段适当长度进行测量，这段长度称为取样长度。

但是，在每一取样长度内的测得值通常是不等的，为取得表面粗糙度最可靠的值，一般取几个连续的取样长度进行测量，并以各取样长度内测量值的平均值作为测得的参数值。这段在 X 轴方向上用于评定轮廓的、包括一个或几个取样长度的测量段称为评定长度。

当参数代号后未注明时,评定长度默认为 5 个取样长度,否则应注明个数。如 $Rz\ 0.4, Ra3\ 0.8, Rz1\ 3.2$ 分别表示评定长度为 5 个(默认)、3 个、1 个取样长度。

2. 轮廓滤波器和传输带

表面结构的三类轮廓各有不同的波长范围,它们又同时叠加在同一表面轮廓上,因此,在测量评定三类轮廓上的参数时,必须先将表面轮廓在特定仪器上进行滤波,以便分离获得所需波长范围的轮廓。这种可将轮廓分成长波和短波成分的仪器称为轮廓滤波器。由两个不同截止波长的滤波器分离获得的轮廓波长范围则称为传输带。

(五)标注表面粗糙度的图形符号

《产品几何技术规范(GPS)技术产品文件中表面结构的表示法》(GB/T 131—2006)中规定,各类符号的特点含义见表 5-2-1。

表 5-2-1 表面结构符号及意义

符号	符号的意义
$\bigvee$	仅用于简化代号标注,没有补充说明不能单独使用
(去除材料符号)	表示指定表面是用去除材料的方法获得的,如车、铣、钻、磨、剪切、抛光、电火花加工、气割等
(不去除材料符号)	表示表面是用不去除材料的方法获得的,如铸、锻、冲压变形、热轧、冷轧、粉末冶金等
(补充符号)	标注评定参数或补充要求,指定表面分别允许任何工艺、去除材料和不去除材料获得
(封闭轮廓符号)	标注图样某个视图上构成的封闭轮廓的各表面有相同的表面结构要求

(六)表面结构要求完整符号标注的内容

图样中的表面结构要求,除了在图形符号中标注表面结构粗糙度代号及参数值外,必要时还应标注补充要求,各项要求标注位置见图 5-2-4。

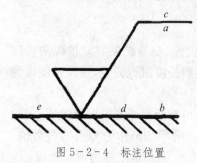

图 5-2-4 标注位置

位置 a:标注表面结构单一要求,即单向标注,只标注一个参数值代号 Ra 或 Rz 和参数值的一个极限值(上限值、下限值的总称是极限值)及传输带、取样长度和评定长度。

上述内容的标注顺序:传输带或取样长度,画一斜线"/",斜线之后为参数代号、取样长度个数,插入空格后标注参数值。

例 1：0.002 5～0.8/Rz　6.3　　标注传输带 0.002 5～0.8 mm

例 2：0.8/Rz　6.3　　　标注取样长度 0.8 mm

例 3：0.8/Ra3　3.2　　标注评定长度有 3 个取样长度 0.8 mm

位置 a,b：标注 2 个(双向极限标注)或多个表面结构要求。双向极限标注,在上限值参数代号前加注"U",在下限值参数代号前加注"L",没有标注"U""L"的单向标注均视为上限值。

例：U　Rz　0.8

　　L　Ra　0.2

位置 c：标注加工方法,如表面处理、涂层、车、铣、刨、磨等。

位置 d：标注表面纹理,其符号有＝,⊥,X,M,C,R,P。

位置 e：标注加工余量,单位是 mm。

（七）表面结构的判断规则

完工零件的表面根据检验规范,将测得的轮廓参数值与图样上给定的极限值比较,以判断被测表面轮廓是否合乎要求,判断规则有 2 种。

1. 16% 规则

当被检测表面实测的全部参数值中,超过极限值(对给定的是上限值时,超过是指大于给定值；对给定的是下限值时,超过是指小于给定值)的个数少于总个数的 16% 时,该表面是合格的。标注时只需注出 Ra 值即可。

除最大规则外,16% 规则是所有表面结构要求标注的默认规则。

2. 最大规则

当图样中在标注极限值(上限值或下限值)的前面加注 max 或 min 时,则在被测的整个表面上测得的实测值中,1 个也不能超过标注的极限值。

表 5-2-2 列举了表面结构要求标注的含义,其中传输带默认、评定长度为 5 个取样长度默认、16% 规则默认,所谓默认即不标注就被认定。

表 5-2-2　表面结构要求标注的含义

符号、代号	符号、代号含义
√ Ra 1.6	表示去除材料,单向上限值,默认传输带,R 轮廓,粗糙度的轮廓算术平均偏差上限值 1.6 μm,评定长度为 5 个取样长度(默认),16% 规则(默认)
√ Rz 0.4	表示不允许去除材料,单向上限值,默认传输带,R 轮廓,粗糙度的最大高度 0.4 μm,评定长度为 5 个取样长度(默认),16% 规则(默认)
√ L Ra 3.2	表示去除材料,单向下限值,默认传输带,R 轮廓,粗糙度的轮廓算术平均偏差下限值 3.2 μm,评定长度为 5 个取样长度(默认),16% 规则(默认)
√ Rz max 0.2	表示去除材料,单向上限值,默认传输带,R 轮廓,粗糙度最大高度最大值 0.2 μm,评定长度为 5 个取样长度(默认),最大规则
√ L Ra max 3.2 L Ra 0.8	表示去除材料,双向极限值,两极限值均使用默认传输带,R 轮廓。上限值：算术平均偏差 3.2 μm,评定长度为 5 个取样长度(默认),最大规则。下限值：算术平均偏差 0.8 μm,评定长度为 5 个取样长度(默认),16% 规则(默认)
√ -0.8/Ra3 3.2	表示去除材料,单向上限值。传输带：根据 GB/T 6062—2009,取样长度为 0.8 mm。R 轮廓,算术平均偏差 3.2 μm,评定长度为 3 个取样长度,16% 规则(默认)

（八）表面粗糙度在图上的标注（GB/T 131—2006）

（1）零件图中，每个表面一般应标注一次表面粗糙度代（符）号，并尽可能标注在相应的尺寸及其公差的同一视图上。

（2）图样中所标注的表面结构要求是对完工零件表面的要求，除非另有说明。

（3）表面结构要求图形符号的尖端必须从材料外指向表面，可标注在图样可见轮廓线、可见轮廓线延长线、尺寸线、尺寸界限或带箭头或黑点的引出线上。

（4）表面结构要求的标注和读取方向应与图样中尺寸数字的标注和读取方向一致，即只能在视图的上边和左边直接标注，或用带箭头或黑点的指引线引出标注；视图的右边和下边用带箭头的指引线引出标注；倾斜表面如与尺寸数字读取方向一致也可直接标注，如图 5 - 2 - 5(a)所示，亦可用带箭头或黑点的指引线引出标注。

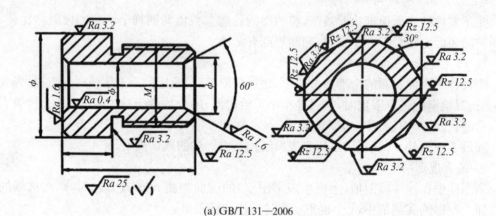

(a) GB/T 131—2006

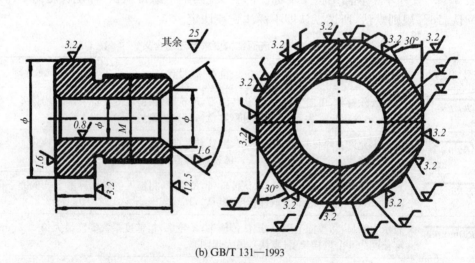

(b) GB/T 131—1993

图 5 - 2 - 5　表面结构要求的基本注法

表5-2-3列举了表面结构要求在图样中的各种标注方法。

表5-2-3　表面结构要求标注示例

标注示例	说明	标注示例	说明
（图）	表面结构要求的注写方向	（图）	表面结构要求在轮廓线上的标注
（图）	用指引线标注表面结构要求	（图）	表面结构要求标注在尺寸线上
（图）	表面结构要求标注在形位公差框格的上方	（图）	大多数表面有相同表面结构要求的简化注法可统一注在图样的标题栏附近
（图）	在图纸空间有限时的简化注法	（图）	同时给出镀覆前后的结构要求的标注
（图）	所有表面有相同表面结构要求的简化注法可统一标注在图样的标题栏附近	（图）	对周边各面（如图1，2，3，4，5，6）有相同的表面结构要求的注法

　　机械图样中的技术要求主要是指在制造、装配及检验零件和部件时对所需的各项技术指标提出的具体要求。它们可以用符号、代号或数字写在图形中，如：表面结构要求、极限与配合、形状和位置公差；对部件或机器应能达到的设计性能要求和质量指标，如装配、调试、检验的有关数据；安装、使用中的规定。也可在图形外用文字说明，如对材料热处理和表面处理的要求。

【任务实施】

模块　压盖零件的测绘

〖任务要求〗

根据图5-2-6所示的压盖零件,绘制零件草图,然后根据整理的零件草图绘制零件图。

〖任务准备〗

图纸、铅笔、直尺、橡皮、圆规、分规等。

〖任务操作〗

一、了解和分析零件

为了做好零件测绘工作,首先要分析了解零件在机器或部件中的位置,以及与其他零件的关系、作用,然后分析其结构形状和特点以及零件的名称、用途、材料等。

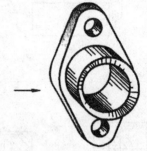

图5-2-6　压盖立体图

二、确定零件表达方案

首先根据零件的结构形状特征、工作位置及加工位置等情况选择主视图;然后选择其他视图、剖视、断面等,要以完整、清晰地表达零件结构形状为原则。图5-2-6所示的压盖,选择其加工位置方向为主视图,并作全剖视图,表达压盖轴向板厚、圆筒长度、三个通孔等内外结构形状;选择左视图表达压盖的菱形结构和三个孔的相对位置。

三、绘制零件草图

零件测绘工作一般多在生产现场进行,因此不便于用绘图工具和仪器画图,多以草图形式绘制。以目测估计图形与实物的比例,按一定画法要求徒手(或部分使用绘图仪器)绘制的图,称为图5-2-6所示压盖立体图的草图。零件草图是绘制零件图的依据,必要时还可以直接用于生产,因此它必须包括零件图的全部内容,草图绝没有潦草之意。

绘制零件草图的步骤:

(1)布置视图,画主视图、左视图的定位线。布置视图时要考虑标注尺寸的位置,见图5-2-7(a)。

(2)目测比例,徒手画图。从主视图入手,按投影关系完成各视图和剖视图,见图5-2-7(b)。

(3)画剖面线;选择尺寸基准,画出尺寸界线、尺寸线和箭头,见图5-2-7(c)。

(4)量注尺寸;根据压盖各表面的工作情况,标注表面结构要求代号,确定尺寸公差,注写技术要求和标题栏,见图5-2-7(d)。

(5)复核整理零件草图,再根据零件草图绘制压盖的工作图。

【任务评价】

(1)不要忽略零件上的工艺结构,如铸造圆角、倒角、倒圆、退刀槽、凸台、凹坑等。零件的制造缺陷,如缩孔、砂眼、加工刀痕以及使用中的磨损等,都不应画出。

(2)对于有配合关系的尺寸,可测量出基本尺寸,其偏差值应经分析选用合理的配合关系查表得出。对于非配合尺寸或不重要尺寸,应将测量尺寸进行圆整。

（3）对螺纹、键槽、沉头孔、螺孔深度、齿轮等已标准化的结构，在测得主要尺寸后，应查表采用标准结构尺寸。

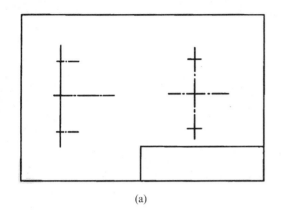

(a)

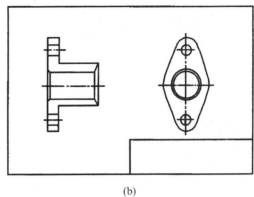

(b)

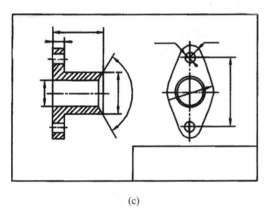

(c)

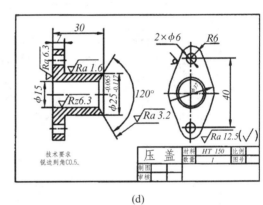

(d)

图 5-2-7　绘制零件图草图的步骤

【课后练习】

1. 加工零件表面，经放大后可看到间距较小的峰谷，这种微观不平程度，称为_____。

   A. 不平度　　　　　　　　　　　　　B. 表面粗糙度

   C. 轮廓算术平均偏差　　　　　　　　D. 表面光滑度

2. 国标规定了评定表面粗糙度参数轮廓算术平均偏差 $Ra(\mu m)$ 的值。Ra 越_____，则表面越_____。

   A. 大/光滑　　　　B. 小/粗糙　　　　C. 大/平整　　　　D. 小/光滑

3. 粗糙度代号的尖端必须从材料_____指向表面，代号中的数字必须与_____的方向一致。

   A. 外/尺寸数字　　　　　　　　　　B. 内/角度数字

   C. 外/水平线　　　　　　　　　　　D. 内/水平线

4. 对零件进行尺寸标注时，在长、宽、高三个方向_____尺寸基准，同一方向_____辅助基准。

   A. 不一定有/也不一定有　　　　　　B. 均应有一个主要/还可以有

   C. 均应有一个主要/可以有一个　　　D. 必须有一个/可以有一个

5. 关于零件图中零件尺寸的标注原则,下列说法中不正确的是_____。
   A. 尺寸标注应符合加工顺序和便于测量
   B. 尺寸不应注成封闭的尺寸链
   C. 重要的尺寸应直接注出
   D. 各轴向尺寸应选择同一轴向尺寸基准

任务3 叉架类零件的表达

【任务描述】

图 5-3-1 所示的支架,属于叉架类零件。从图中可知,这类零件的结构形状较为复杂,且不太规则,如拨叉、连杆、支座等。为了完整、清晰表达该类零件的形状和大小,应选用哪些视图? 标注哪些尺寸? 技术要求如何在图上注明?

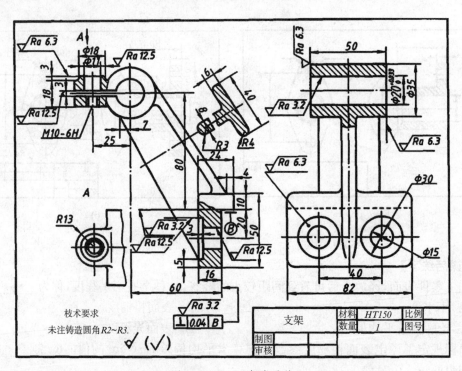

图 5-3-1 叉架类零件

【学习目标】

(1) 能认识叉架类零件的结构特点、加工工艺;
(2) 能正确表达叉架类零件,并进行合理的尺寸标注;
(3) 能合理标注叉架类零件的技术要求;
(4) 能识读常见叉架类零件图。

【相关知识】

一、视图选择分析

叉架类零件往往要在多种机床上加工,所以一般多按工作位置和特征原则选择主视图。图 5-3-1 所示支架的主视图是按工作位置和特征原则选择的,它表达支架结构形状特征;左上方的局部剖视表示开槽凸缘的上边是光孔、下边是螺孔;Γ形固定板的局部剖视表示沉孔结构;斜向连接肋板和移出断面表示连接肋板是 T 字形。左视图表示 Γ 形固定板形状及两个沉孔的分布情况;上方圆筒的局部剖视表示通孔情况和圆筒宽度。A 向局部视图表示开槽凸缘的形状。

二、尺寸标注分析

在主视图中,Γ形固定板的垂直安装面、水平安装面,分别为支架长度、高度方向的尺寸基准,从基准出发注出圆筒的定位尺寸 60,80,从辅助基准出发注出凸缘孔、连接肋板、固定板的定位尺寸和定形尺寸。移出断面注出连接肋板的定形尺寸 40,8,6,R3,R4。左视图的对称平面中心线为支架宽度方向的尺寸基准,标注沉孔的定位尺寸 40,圆筒、固定板的定形尺寸 50,82。

三、形状和位置公差

(一)形状和位置公差的定义

决定零件大小的实际尺寸有尺寸误差存在,为满足使用要求,由尺寸公差对其加以限制。同样,决定零件形状的几何要素(点、线和面)的实际形状及相互间的位置关系也存在误差,为满足使用要求,也要用相应的公差加以限制,这就是形状公差和位置公差。

图 5-3-2(a)所示为一与基准孔配合的轴,轴加工后符合规定的尺寸公差要求,但如果它产生形状误差——直线度误差,那么将导致轴和孔无法装配。图 5-3-2(b)所示为箱体上两个安装锥齿轮轴的孔,如果两孔轴线歪斜太大,势必影响一对锥齿轮的正常啮合传动,为了保证正常传动,必须标注方向公差——垂直度。

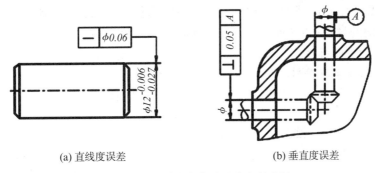

(a) 直线度误差　　　　　　　　　(b) 垂直度误差

图 5-3-2　形状和位置误差实例分析

因此,限制零件的实际形状和实际位置对理想形状和理想位置的变动量是十分必要的,这种允许的变动量就是形状和位置公差(简称形位公差)。合理地确定形位公差是保证产品质量的重要措施。

(二)要素

要素指零件上的特定部位,如零件表面上的点、线、面或中心线、对称线。

(1)被测要素:给出几何公差要素。

(2)基准要素:用来确定被测要素的方向、位置和跳动的要素。

（三）形位公差的代号

形位公差代号一般包括形位公差特征项目、符号与基准，见表5-3-1。

表5-3-1　形位公差的特征项目、符号与基准

公差	特征项目	符号	有或无基准要求	公差		特征项目	符号	有或无基准要求
形状	直线度	—	无	位置	定向	平行度	//	有
	平面度	▱	无			垂直度	⊥	有
	圆度	○	无			倾斜度	∠	有
	圆柱度	⌀	无		定向	位置度	⊕	有或无
形状或位置	轮廓	线轮廓度	⌒	有或无			同轴度同心度	◎	有
		面轮廓度	◠	有或无		跳动	对称度	=	有
						圆跳动	↗	有
						全跳动	⨩	有

（四）公差带

形位公差的公差带是指限制实际要素变动的区域，其大小由公差值确定，其公差带必须包含实际的被测要素。

根据被测要素的特征和结构尺寸，公差带有平面区域和空间区域两种。属于平面区域的公差带形式有：圆内的区域；两同心圆之间的区域；两等距曲线之间的区域；两平行直线之间的区域。属于空间区域的公差带形式有：圆柱面内的区域；两等距曲面之间的区域；两平行平面之间的区域；两同轴圆柱面之间的区域；球内的区域。

（五）形位公差的标注

1. 公差框格与基准符号

国标规定采用代号标注，用公差框格标注形位公差，见图5-3-3。具体要求如下。

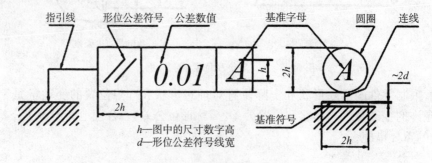

h—图中的尺寸数字高
d—形位公差符号线宽

图5-3-3　形位公差框格与基准符号

（1）框格用细实线绘制，框格的高度为数字高度的两倍；框格可划分为两格或多格（有基准）；

（2）框格中的数字、符号与图中的尺寸数字（h）同高；

（3）框格一端与带箭头的细实线相连，箭头指向直径或垂直指向公差带方向；

（4）基准符号见图5-3-3。

2. 被测要素的标注

（1）当被测要素是轮廓线或表面时，指引线的箭头指向该要素的轮廓线或其延长线上，并应与尺寸线明显错开，见图5-3-4(a)和(b)。箭头也可指向引出线的水平线，引出线引自被测面，见图5-3-4(c)。

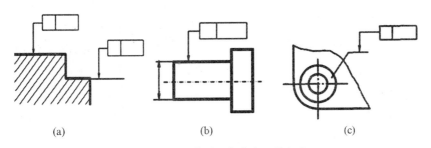

图5-3-4 被测要素为表面的标注

（2）当被测要素是轴线或中心线时，箭头指向有两种情况：其一是指引线箭头与该要素尺寸箭头对齐，此时仅说明该尺寸对应范围内的公差；其二是指引线箭头直接指在轴线上，此时说明整条轴线的公差，见图5-3-5。

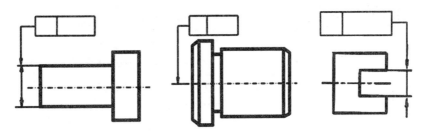

图5-3-5 被测要素为轴线或中心线时的标注

（3）形位公差的简化标注。当同一被测要素有多项形位公差要求时，可用一个指引箭头连接几个公差框格，见图5-3-6(a)。当多个被测要素具有相同公差要求时，可以从同一形位公差框格引出多个指引箭头，见图5-3-6(b)。

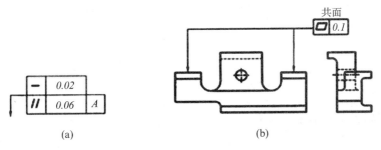

图5-3-6 形位公差的简化标注

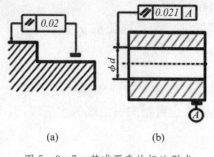

(a)　　　　　　(b)

图 5-3-7　基准要素的标注形式

3. 基准要素的标注

基准要素的标注有两种方法：其一是用带基准符号的指引线将基准要素与公差框格另一端相连，见图 5-3-7(a)；其二是当基准符号不便直接与公差框格连接时，应用基准代号，此时公差框格应增加第三格，并写上与基准符号圆圈内相同的字母代号，见图 5-3-7(b)。基准要素的标注要求与被测要素指引线箭头的要求相同，同样分为轮廓线或表面及轴线或中心线。

图 5-3-8 所示为气阀阀杆的形位公差标注。当被测要素是轮廓要素时，从框格引出的指引线箭头应指在该要素的轮廓线或其延长线上，如杆身 $\phi16$ 的圆柱度公差、两端对 $\phi16$ 轴线的圆跳动公差。当被测要素是轴线等中心要素时，应将箭头与该要素的尺寸线对齐，如 M8×1 轴线对 $\phi16$ 轴线的同轴度公差。图中基准 A 是指 $\phi16$ 的轴线，故将基准符号与该要素的尺寸线对齐。

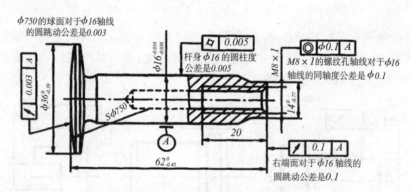

图 5-3-8　气阀阀杆的形位公差标注

【任务实施】

模块　滑动轴承座的测绘

【任务要求】

以图 5-3-9 所示的滑动轴承座轴测图为实例，了解其在滑动轴承中的位置和作用，与轴承盖、轴瓦连接的结构特点及功用；分析其结构形状、特点以及用途等；测量各部分实际尺寸，绘制零件图。

【任务准备】

图纸、铅笔、直尺、橡皮、圆规、分规、外卡钳、内卡钳、游标卡尺、千分尺等。

【任务操作】

一、了解和分析轴承座的结构

对照图 5-3-9 所示的滑动轴承座轴测分解图，了解滑动轴承座的滑动轴承是机器设备中支承轴传动的部件，它主要由轴承座、轴承盖、轴瓦以及螺栓、螺母、垫圈等构成。

轴承座是滑动轴承的主要零件，它与轴承盖通过两组螺栓和螺母紧固，压紧上、下轴瓦;轴承座上的凹槽与轴承盖下的凸起配合定位;为了支承轴承,轴承座在轴孔两端加工出凸缘;轴承座下部的底板,在滑动轴承安装时起支承和固定的作用,底板上加工出两个安装孔,底板上表面加工出凸台,底板下表面开有通槽。

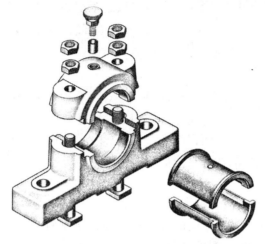

图 5-3-9　滑动轴承座的轴测分解图

二、确定视图表达方案

（一）主视图选择

由于滑动轴承座的形状较复杂,加工位置多变,主视图按工作位置安放,选择最能显示形体特征的投影方向。在图 5-3-10 所示的表达方案中,主视图采用半剖视图来表达轴孔、底板安装孔、螺栓连接孔的内部结构,同时将轴承座与轴承盖的连接关系、轴孔的形状、底板的特征等外部结构清楚表达。

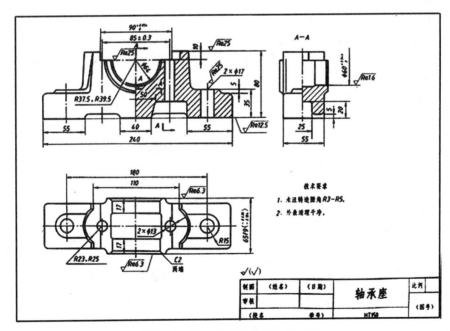

图 5-3-10　滑动轴承座的零件图

（二）其他视图选择

（1）为了将滑动轴承座底板上安装孔和螺栓连接孔的分布，以及底板上凸台的形状、轴孔两端凸缘的形状表达清楚，俯视图采用视图来表达。

（2）主视图表达了底板的厚度，俯视图仅表达了底板的外部形状及宽度，未能表达其底面槽的形状，所以，左视图的必要性显而易见。考虑到左视图能反映轴孔的加工状态，同时由于轴承座前后对称，左视图采用半剖视图来表达，以便内、外兼顾。

三、完整的一组尺寸

（1）定形尺寸。将轴承座分解为两个基本形体，分别标注其定形尺寸，这些尺寸应标注在哪个视图上，要根据具体情况而定。如图 5-3-10 所示，底板的长度、厚度标注在主视图中，底板的宽度既可标注在俯视图中，也可标注在左视图中，因为俯视图中标注了轴孔两端凸缘的尺寸，所以底板的宽度只能标注在左视图中。$2 \times \phi 13, R15, R23, R25$ 标注在俯视图中最合适。

（2）定位尺寸。先选定轴承座长、宽、高三个方向的尺寸基准。长度方向的尺寸基准为轴承座的左右对称平面，宽度方向的尺寸基准为轴承座的前后对称面，高度方向的尺寸基准为底板的下表面。由于一根轴通常要由两根轴承支撑，二者的轴孔应在同一轴线上，所以在标注高度方向尺寸基准时，应以底面为基准，以保证两轴孔到底面的距离相等；在标注长度方向尺寸基准时，应以对称平面为基准，以保证底板上两个安装孔之间的中心距及其与轴孔的对称关系，实现两轴承座安装后同轴。

（3）总体尺寸。

四、技术要求

技术要求指轴承座制造和检验所达到的各项技术指标与要求，如图 5-3-10 中的尺寸公差、表面粗糙度等。

【任务评价】

一张完整的零件图应包括以下基本内容：

（1）一组视图。选用合适的视图、剖视图、断面图等图形，将零件的内、外形状正确、完整、清晰地表达出来。

（2）全部尺寸。正确、完整、合理标注零件在制造和检验时所需要的全部尺寸。

（3）技术要求。用规定的符号、代号、标记和文字说明等简明给出零件制造和检验所达到的各项技术指标与要求，如尺寸公差、表面粗糙度和热处理等。

（4）标题栏。注明零件名称、图号、比例以及制图、审核人员的责任签字等，位于图纸的右下角。

【课后练习】

1. 形状和位置公差是指零件的实际形状和实际位置对_____和_____的_____变动量。

    A. 真实形状/真实位置/最大   B. 理想形状/理想位置/允许

    C. 真实形状/真实位置/允许   D. 理想形状/理想位置/最大

2. "□"符号表示的形位公差是_____。

   A. 直线度   B. 倾斜度   C. 面轮廓度   D. 平面度

3."◎"符号表示的形位公差是_____,属于_____。

    A. 圆柱度/形状公差   B. 圆柱度/位置公差

    C. 同轴度/形状公差   D. 同轴度/位置公差

4."◠"符号表示的形位公差是_____,对基准_____。

    A. 面轮廓度/有或无要求   B. 圆弧度/有或无要求

    C. 面轮廓度/无要求   D. 圆弧度/无要求

5."⌒"符号表示的形位公差是_____,对基准_____。

    A. 平行度/有要求   B. 平行度/无要求

    C. 圆柱度/有要求   D. 圆柱度/无要求

任务 4　箱体类零件的表达

【任务描述】

如图 5-4-1 所示的阀体,属于箱体类零件。箱体类零件一般是机器或部件的主体部分,它起着支承、包容其他零件的作用,所以多为中空的壳体,并有轴承孔、凸台、肋板、底板、连接法兰以及箱盖、轴承端盖的连接螺孔等。其结构形状复杂,一般多为铸件,如阀体、泵体、减速器箱体等。为了完整、清晰表达该类零件的形状和大小,应选用哪些视图? 标注哪些尺寸? 零件常见的结构如何表达?

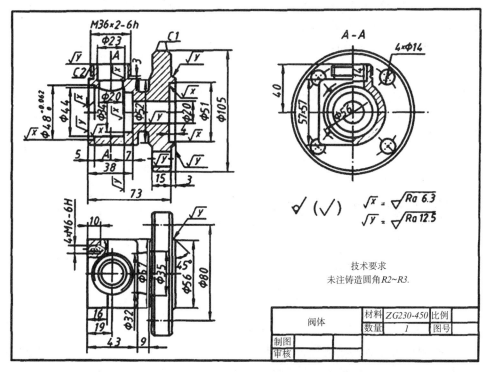

图 5-4-1　箱体类零件

【学习目标】

(1) 能选择合适的方法表达箱体类零件结构、形状特征;

（2）能给箱体类零件进行正确、合理的尺寸标注；

（3）能正确表达箱体类零件的工艺结构；

（4）能识读常见箱体类零件图。

【相关知识】

一、视图选择分析

箱体类零件的加工工序较多，装夹位置又不固定，因此一般均按工作位置和特征原则选择主视图。阀体的主视图按工作位置和主要加工位置选取，全剖后内腔结构层次表达清楚，水平方向从左至右，有从大到小呈阶梯状的圆柱形内腔与通孔相连；垂直方向有阶梯孔与水平圆柱内腔相贯，并出现相贯线，阶梯孔的外圆柱面有螺纹；右端圆法兰上有通孔，从左视图中可知 4 个孔的分布情况。左视图采用 $A-A$ 半剖视图，从半个视图中可知阀体左端是方形凸缘，厚度为 16 mm，并有 4 个螺孔，从半剖视图中可知阀体外形是圆柱体。俯视图表示方形凸缘的厚度 16 mm，局部剖视图表示螺孔深度，还表达了方形凸缘与圆柱形阀体相切的关系。

二、尺寸标注分析

阀体长度方向的尺寸基准是通过 $A-A$ 剖切平面的轴线，在俯视图中从基准出发标注左端面的定位尺寸 19，并注出尺寸 16，43，9 等。主视图从左端面出发标注尺寸 5，38，73。在左视图中，通过水平中心线的平面是高度方向的尺寸基准，并标注定形尺寸 57×57，定位尺寸 40。俯视图的对称平面中心线是宽度方向的尺寸基准。阀体的径向尺寸是以水平轴线为基准标注的。

三、铸造零件的工艺结构

（一）起模斜度

如图 5-4-2（a）所示，在铸造零件毛坯时，为了便于将模型从砂型中取出，零件的内、外壁沿起模方向应有一定的斜度（1:20～1:10）。起模斜度在图中可不画出、不标注，在制作模型时应予以考虑，见图 5-4-2（b）。

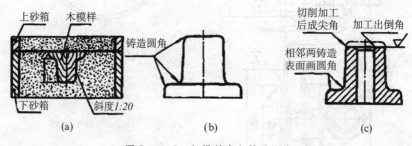

图 5-4-2 起模斜度与铸造圆角

（二）铸造圆角及过渡线

为防止砂型在尖角处脱落和铸件冷却收缩时在尖角处产生裂纹，铸件各相交表面应做成圆角。画图时，注意毛坯面的转角处都应有圆角；若是加工面，则圆角被加工掉，因此要画成尖角，见图 5-4-2（c）。

由于铸造圆角的存在，零件上的表面交线就显得不明显。为了区分不同形体的表面，方便看图,仍然用细实线画出两面交线,但交线两端空出不与轮廓线的圆角相交,这种细实线称为零件表面的过渡线。图 5 - 4 - 3(a)(b)(c)(d)分别给出圆柱相交、肋板与平面相交、连杆头与连杆相交、相切过渡线的画法。

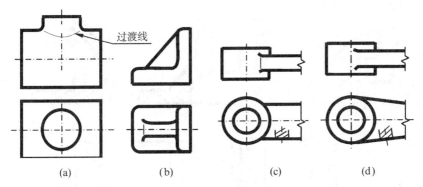

图 5 - 4 - 3 过渡线的画法

（三）铸件壁厚

在浇铸铸型时,为了避免各部分因铁水冷却速度不同而产生缩孔和裂缝,铸件的壁厚应保持均匀或逐渐过渡,见图 5 - 4 - 4。

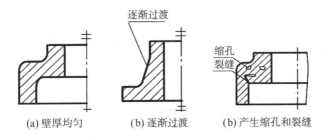

图 5 - 4 - 4 铸件壁厚

四、零件加工面的工艺结构

（一）凸台和凹坑

零件的接触面,一般都要加工。为了减少加工面,并使零件表面接触良好,常在铸件上设计凸台或凹坑的结构,见图 5 - 4 - 5。

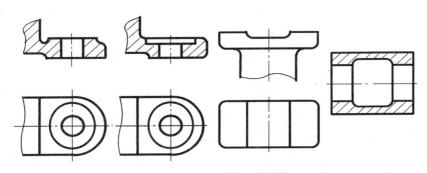

图 5 - 4 - 5 凸台或凹坑结构

（二）钻孔结构

钻孔时，钻头应尽量垂直于钻孔端面，以保证钻孔准确，避免钻头折断。对斜孔、曲面上的孔，应制成与钻头垂直的凸台或凹坑，见图5-4-6(a)。

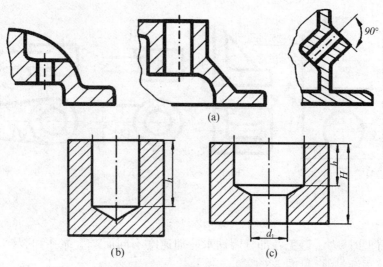

图5-4-6　钻孔工艺结构

用钻头加工的盲孔，在孔的底部有一个120°的锥角。钻孔深度不包括锥角，见图5-4-6(b)。在2个直径不同的阶梯孔的过渡处，也存在120°锥角的圆锥台，其圆孔深也不包括锥角，见图5-4-6(c)。

【任务实施】

模块　零件图的识读

〖任务要求〗

图5-4-7所示为油缸体的零件图。通过读识该图，对此零件应有哪些了解？

〖任务准备〗

图纸、铅笔、直尺、橡皮、圆规、分规等。

〖任务操作〗

在生产实践中，常常需要读零件图，其目的是根据零件图想象出零件的结构形状，了解零件的尺寸和技术要求，以便指导生产和解决有关技术问题，所以工程技术人员应具备读零件图的能力。读零件图的方法步骤如下：

（1）概括了解。读图时首先从标题栏了解零件的名称、材料、画图比例等，并粗看视图，大致了解该零件的结构特点和大小。

如图5-4-7所示，从标题栏中可知零件的名称是液压油缸的缸体，它用来安装活塞、缸盖和活塞杆等零件，缸体的材料为铸铁，牌号HT200，它属于箱体类零件。

（2）分析表达方案，搞清视图间的关系，想象零件的结构、形状。要看懂一组视图中选用了几个视图，哪个是主视图，哪些是基本视图。对于局部视图、斜视图、断面图及局部放大图等非基本视图，要根据其标注找出它们的表达部位和投射方向。对于剖视图要搞清楚其剖切位置、剖切面形式和剖切后的投射方向。

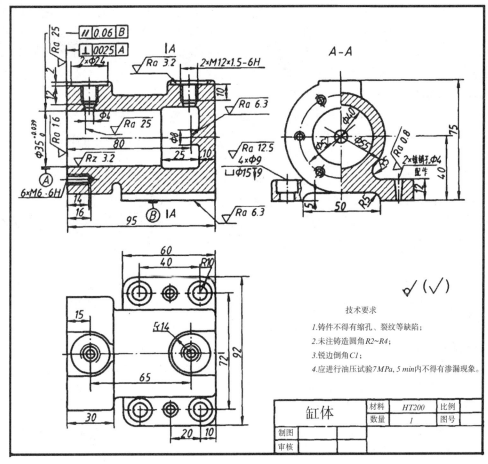

图 5 - 4 - 7　油缸体零件图

在看懂视图关系的基础上,运用形体分析法和线面分析法分析零件的结构形状,并注意分析零件各部分的功用。

看零件图应从主视图入手,结合其他视图,运用形体分析法和线面分析法,综合视图表达中所选用的各种表达方法,运用各视图的对应关系,想象出零件的结构及内、外形状。

读零件图是在组合体读图基础上的提升,一定要结合零件的功能要求及工艺结构,弄清该零件的总体形状和局部结构。

如图 5 - 4 - 7 所示,缸体零件图采用了 3 个基本视图。主视图是全剖视图,表达缸体内腔结构形状,内腔的右端是空刀部分,φ8 的凸台起到限定活塞工作位置的作用,上部左、右 2 个螺孔是连接油管用的。俯视图表达底板形状和 4 个沉头孔、2 个圆锥销孔的分布情况以及 2 个螺孔所在凸台的形状。左视图采用 A - A 半剖视图和局部剖视图,它们表达圆柱形缸体与底板的连接情况,连接缸盖螺孔的分布和底板上的沉头孔、圆锥销孔。

(3) 看尺寸,分析尺寸基准。结合图样所表达的零件形状,从零件长、宽、高 3 个方向了解图样中所标注的尺寸,确定各方向的尺寸基准。要确定图样中标注尺寸所选定的基准,首先要找到设计基准,还要看尺寸标注得是否齐全、合理,是否符合标准等。搞清哪些是主要基准和主要功能尺寸,然后从基准出发,找出各组成部分的定位尺寸、定形尺寸及零件的总尺寸。

如图5-4-7所示,缸体长度方向的尺寸基准是左端面,从基准出发标注定位尺寸80和15,定形尺寸95和30等,并以辅助基准标注缸体和底板上的定位尺寸10,20,40,定形尺寸60,$R10$。宽度方向的尺寸基准是缸体前后对称面的中心线,并注出底板上的定位尺寸72和定形尺寸92,50。高度方向的尺寸基准是缸体底面,并注出定位尺寸40,定形尺寸5,12,75。以$\phi 35_0^{+0.039}$的轴线为辅助基准标注径向尺寸$\phi 55,\phi 52,\phi 40$等。

(4) 技术要求。零件图上的技术要求主要有表面粗糙度、公差与配合、形位公差、热处理,以及文字说明的加工、制造、检验等。这些要求是制定加工工艺、组织生产的重要依据,要深入分析理解等。

如图5-4-7所示,缸体活塞孔$\phi 35_0^{+0.039}$和圆锥销孔,前者是工作面并要求防止泄漏,后者是定位面,所以表面结构要求Rz的上限值为3.2;其次是安装缸盖的左端面,为密封平面,Ra值为1.6。$\phi 35_0^{+0.039}$的轴线与底板安装面B的平行度公差为0.06;左端面与$\phi 35_0^{+0.039}$的轴线垂直度公差为0.025。因为油缸的工作介质是压力油,所以缸体不应有缩孔,加工后还要进行保压试验。

(5) 综合归纳。在以上分析的基础上,对零件的形状、大小和技术要求进行综合归纳,形成一个清晰的认识。有条件时还应参考有关资料和图样,如产品说明书、装配图和相关零件图等,以对零件的作用、工作情况及加工工艺作进一步了解。

【任务评价】

读零件图的目的是为了弄清零件的形状、结构、尺寸和技术要求,并了解零件名称、材料和用途。读零件图必须做到以下几点:

(1) 了解零件的名称、材料和用途;

(2) 了解各零件组成部分的几何形状、相对位置和结构特点,想象出零件的整体形状;

(3) 分析零件的尺寸和技术要求。

【课后练习】

1. 看零件图时必须弄清零件的_____。

   Ⅰ.结构形状;Ⅱ.尺寸大小;Ⅲ.加工精度和其他技术要求

   A. Ⅰ+Ⅱ   B. Ⅰ+Ⅲ   C. Ⅱ+Ⅲ   D. Ⅰ+Ⅱ+Ⅲ

2. 在读零件图时,以下说法不妥的是_____。

   A. 重点要弄清零件的结构形状   B. 零件图为零件检验提供依据

   C. 零件图为零件测量提供依据   D. 零件的加工方法取决于零件图

3. 在读零件图时,以下说法不妥的是_____。

   A. 零件图为零件的加工提供必要的技术要求

   B. 读零件图可运用组合体的读图方法

   C. 零件图为零件测量提供依据

   D. 零件的材料决定了采用何种加工方法

4. 在读零件图时,以下说法正确的是_____。

   A. 零件图为零件的加工提供必要的技术条件

   B. 读零件图可运用组合体的读图方法

   C. 零件测量主要依据于零件的加工精度

   D. 零件的材料决定了采用何种加工方法

项目六　装配图的识读

项目描述

　　装配图是用来表达机器或部件的图样。装配图主要表达机器或部件的工作原理、装配关系、结构形状和技术要求,用以指导机器或部件的装配、检验、调试、安装和维修等。因此,装配图是机械设计、制造、使用、维修以及进行技术交流的重要技术文件。

任务　球阀装配图的识读

【任务描述】

　　图 6-1-1 所示的球阀主要用于低压管道的流量控制和启闭,其工作原理是通过转动扳手,由阀杆带动阀芯转动,随着阀芯通孔相对管道位置的不同,调节流量的大小。图示为全部开启状态,扳手顺时针旋转 90°,阀门将全部关闭,管道断流。

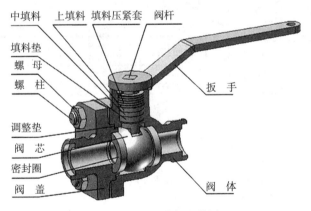

图 6-1-1　球阀立体图

　　球阀的关键零件是阀芯,主要运动关系是扳手→阀杆→阀芯。主要装配路线有两条:第一条路线是扳手→填料压紧套→填料→阀杆;第二条路线是阀盖(阀体)→密封圈→阀芯。阀盖与阀体之间采用螺柱连接。

　　因此,球阀的拆卸顺序是:扳手→填料压紧套→填料→阀杆;螺母→阀盖→密封圈→阀芯→密封圈(阀体)。

　　拆卸时,要用相应的工具和正确的方法,如焊接、过盈配合等不能强拆;过渡配合性质的零件要用专用工具拆卸(如轴承等),拆下应小心轻放。拆下的零件要按组按序摆放,并将所有零件按序编号,记上编号或扎上标签号,以便重新装配。

153

对配合表面、高精度面、细长件等更要注意保护,必要时应涂防锈油,并将零件放置在专门的陈列架上,以免破坏原配合的精度。

以上所述内容和要求,工程上通过一定的技术资料来加以说明,这就是工程上常用的装配图,见图6-1-2。

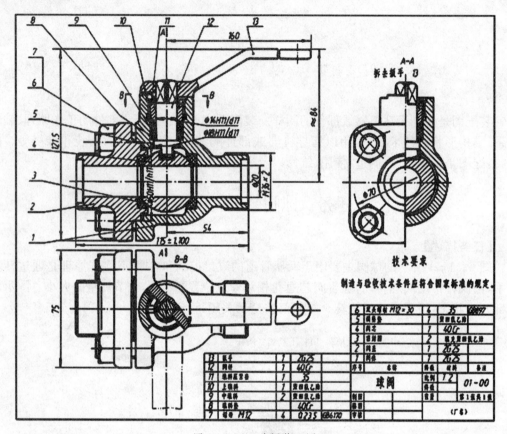

图6-1-2 球阀装配图

【学习目标】

(1) 熟知装配图的内容;

(2) 掌握装配图的视图表达及尺寸标注要点;

(3) 掌握装配图的规定画法、特殊画法和简化画法;

(4) 熟练阅读中等复杂程度的装配图。

【相关知识】

一、装配图的作用

(1) 进行机器或部件设计时,首先要根据设计要求画出装配图,装配图是指导产品制造的重要技术资料。

(2) 为实现机器或部件的工作过程,必须根据装配图的需要合理地设计每一个相关零件,故装配图是零件设计的主要依据。

(3) 在生产过程中,要根据装配图把制成的零件装配成部件或机器,故装配图是机器或部件安装、维修的重要参考资料。

（4）使用者要根据装配图，了解机器或部件的性能、结构形式、传动路线、装配关系、工作原理、维护、调整和使用方法。

二、装配图的内容

图 6-1-2 所示为球阀的装配图，一张完整的装配图应包括以下内容。

（1）一组视图：表达机器或部件的传动路线、工作原理、各组成零件的相对位置、装配关系、连接方式和主要零件的结构形状等。

（2）完整的尺寸：注出表示机器或部件的性能及装配、检验、安装时所必需的尺寸。

（3）技术要求：一般用文字或符号说明部件或机器的性能、装配、安装、检验、调整或运转等方面的要求。

（4）零件序号、明细栏：装配图与零件图最明显的区别之一，就是在装配图中对每一种零件按顺序编写序号，并在标题栏上方按编号顺序绘制成零件明细栏，说明各种零件的序号、代号、名称、数量、材料、质量和备注等。

（5）标题栏：注明装配体的名称、图号、比例及责任者签字等，位于图纸的右下角。

三、装配图的表达方式

机件的各种表达方式——视图、剖视图、断面图等都适用于装配图。只是从装配图的作用出发，由于装配图所表达的对象已不是单个零件，故视图的选择和零件图在表达的重点和要求上有所不同，选取表达方法时应从整体考虑，以表达机器或部件的工作原理和主要装配关系为中心，把机器或部件的内部结构、外部形状、相对位置表达出来，因此，机械制图国标对装配图提出了一些规定画法和特殊的表达方法。

（一）规定画法

为了明显区分每个零件，又要确切地表示出它们之间的装配关系，对装配图的画法作出如下规定。

1. 接触面与配合面的画法

相邻两零件接触表面和配合面规定只画一条线，当两个基本尺寸不相同的零件套装在一起时，即使它们之间的间隙很小，也必须画出有明显间隔的两条轮廓线，见图 6-1-3。

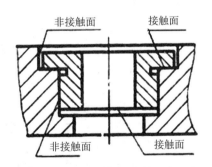

图 6-1-3　相邻零件接触面的画法

2. 剖面线的画法

（1）同一零件的剖面线在各剖视图、断面图中应保持方向一致、间隔相等；

（2）两零件邻接时，不同零件的剖面线方向应相反，或者方向一致、间隔不等，见图 6-1-3。

3. 紧固件和实心零件的画法

对于紧固件和实心零件,如螺钉、螺栓、螺母、垫圈、键、销、球及轴等,若剖切平面通过它们的轴线或对称平面纵向剖切,则这些零件均按不剖绘制,见图6-1-4;需要时,可采用局部剖视图,见图6-1-5。当剖切平面垂直于这些紧固件或实心件的轴线横向剖切时,这些零件应按剖视绘制。

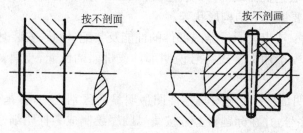

图6-1-4 紧固件、实心件及剖面符合的画法

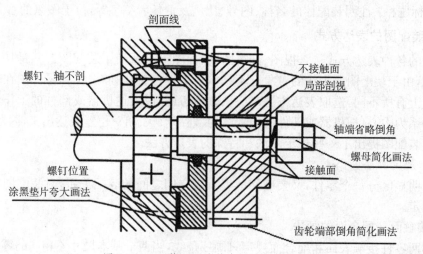

图6-1-5 装配图的基本画法及简化画法

(二)特殊表达方法

1. 沿结合面剖切的以拆代剖画法或拆卸画法

假想沿某些零件的结合面剖切或假想将某些零件拆卸以后,绘出其图形,以表达装配体内部零件间的装配情况。如图6-1-6(a)所示,若需说明可加标注"拆去××等"。

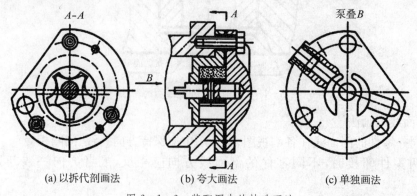

(a) 以拆代剖画法　　(b) 夸大画法　　(c) 单独画法

图6-1-6 装配图中的特殊画法

2. 夸大画法

如图6-1-6(b)所示,对于直径或厚度小于2 mm的较小零件或较小间隙,如薄片零件、细丝弹簧等,若按它们的实际尺寸在装配图中很难画出或难以明显表示,则可不按比例而采用夸大画法。

3. 单独画法

装配图中,当某个主要零件的形状未表达清楚时,可以单独画出该零件的视图。这时应在该视图上方注明零件及视图的名称,见图6-1-6(c)。

4. 假想画法

为了表示运动零件的极限位置或相邻零件(或部件)的相互关系,可以用细双点画线画出其轮廓,如图6-1-7(a)所示的手柄极限运动位置。

为了表示与装配体有装配关系但又不属于本部件的其他相邻零部件时,也可采用假想画法,将其他相邻零部件用双点画线画出外形轮廓,如图6-1-7(b)所示的床头箱的外形轮廓。

5. 展开画法

为表达某些重叠关系,如多级传动箱的齿轮传动顺序和装配关系,可假想把空间轴按传动顺序展开并在平面上画出剖视图,见图6-1-7(b)。

6. 简化画法

(1) 如图6-1-5所示,装配图上若干个相同的零件组,如螺栓、螺钉的连接等,允许详细地画出一组,其余只画出中心线位置。

(2) 装配图上的零件工艺结构,如退刀槽、倒角、倒圆等,允许省略不画。

(3) 在装配图中,滚动轴承可用规定画法或特征画法表示。

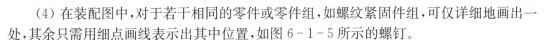

图6-1-7　装配图的假想画法和展开画法

(4) 在装配图中,对于若干相同的零件或零件组,如螺纹紧固件组,可仅详细地画出一处,其余只需用细点画线表示出其中位置,如图6-1-5所示的螺钉。

四、装配图的尺寸标注

装配图的作用决定了装配图中所注尺寸只是帮助说明机器或部件的性能、规格、零件间的装配关系和安装要求等,因此不必注出各零件的全部尺寸。一般只标注下列几类必要的尺寸。

(一) 特性尺寸

特性尺寸也称规格、性能尺寸,它是在设计时确定的尺寸。它是设计和选用部件或机器时的主要依据,如图6-1-8所示轴承座中的ϕ50H8。

(二) 装配尺寸

装配尺寸是保证部件正确装配,并说明配合性质及装配要求的尺寸。

(1) 配合尺寸:在装配图中,所有配合尺寸在配合处注出基本尺寸和配合代号,如图6-1-8中的配合尺寸ϕ60H8/k7,90H9/f9,65H9/f9。

（2）相对位置尺寸：表示装配时，需要保证的零件间或部件间比较重要的相对位置尺寸，如图6-1-8中的180和中心高55。

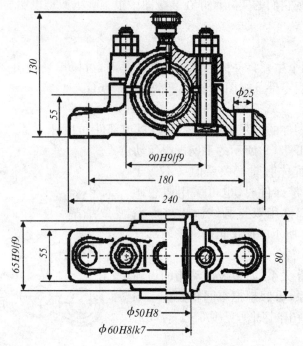

图6-1-8 轴承座装配图尺寸

（三）安装尺寸

安装尺寸是机器或部件安装到基础或其他工作位置所需的尺寸，如图6-1-8中的安装尺寸为底座长240，底座宽55，安装螺栓孔中心距180，螺栓孔ϕ25。

（四）外形尺寸

外形尺寸为表示机器或部件整体轮廓的大小尺寸，即总长、总宽和总高。它为包装、运输和安装时所占的空间大小提供依据，如图6-1-8中的总长240，总宽80，总高130。

（五）其他主要尺寸

其他主要尺寸为设计中经过计算确定或选定的，但未包括在上述几类尺寸中的一些重要尺寸，如图6-1-8中的滑动轴承的中心高55。

上述5类尺寸，在一张装配图中不一定都具备，有时一个尺寸兼有几种作用，标注时应根据装配体的结构和功能具体分析。

五、装配图的技术要求

装配图的技术要求一般包括以下3个方面。

（1）装配要求：指装配过程中的注意事项，装配后应达到的要求。

（2）检验要求：对装配体基本性能的检验、试验、验收方法的说明。

（3）使用要求：对装配体的性能、维护、保养、使用注意事项的说明。

由于装配体的性能、用途各不相同，因此其技术要求也不相同，应根据具体情况拟定。用文字或符号说明的技术要求注写在标题栏上方或图样下方空白处。

六、零部件序号的编写

为了便于图样管理、看图及组织生产,装配图上必须对每个零件或部件编写序号。同时,填写明细栏(表),以说明各零件的名称、数量、材料等。

（一）一般规定

(1) 装配图中所有的零、部件都必须编写序号。

(2) 图中相同的零、部件只编一个序号。

(3) 装配图中零、部件的序号应与明细栏(表)中的序号一致。

（二）编排方法

1. 序号的三种通用表示方法

(1) 在指引线的水平线(细实线)上或圆(细实线)内注写序号,序号字高比该装配图中所注尺寸数字高度大一号,见图6-1-9(a)。

(2) 在指引线的水平线(细实线)上或圆(细实线)内注写序号,序号字高比该装配图中所注尺寸数字高度大两号,见图6-1-9(b)。

(3) 在指引线附近注写序号,序号字高比该装配图中所注尺寸数字高度大两号,见图6-1-9(c)。

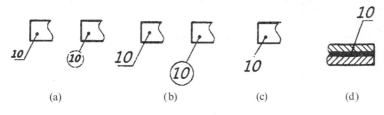

图6-1-9　标注序号的方法

2. 序号的编注形式及编排方法

(1) 指引线应从所指零、部件的可见轮廓线中引出,并在末端画一圆点,见图6-1-9。

(2) 当很薄的零件或是涂黑的断面内不宜画圆点时,可在指引线端部画出箭头,指向该部分的轮廓,见图6-1-9(d)。

(3) 指引线不要彼此相交。当通过剖面线的区域时,指引线应不与剖面线平行,必要时,指引线允许画成曲折一次的折线。

(4) 一组紧固件或装配关系清楚的零件组,可以采用公共指引线,见图6-1-10。

(5) 序号应沿水平或垂直方向按顺时针或逆时针方向顺次排列整齐,见图6-1-11。

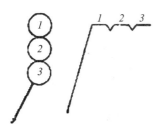

图6-1-10　公共指引线

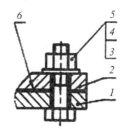

图6-1-11　序号的排列

（三）注意事项

（1）同一装配图中编注序号的形式应一致。

（2）部件中的标准件和非标准零件都按一定顺序编写序号；也可将装配图中所有标准件的标记注写在图上。而非标准零件按一定顺序编写序号。

七、标题栏与明细栏

装配图中应画出标题栏和明细表。明细表一般绘制在标题栏上方，按由下而上的顺序填写，当延伸位置不够时，可紧靠在标题栏的左边自下而上延续。外框为粗实线，内格竖线为粗实线，横线为细实线，顶端也为细实线。学习时可供使用的标题栏和明细栏格式见图 6-1-12。

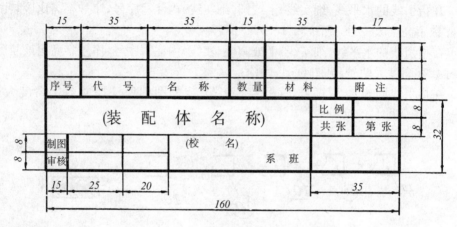

图 6-1-12　标题栏和明细表的格式

明细栏是全部零、部件的详细目录，一般包括图中所编各零部件的序号、代号、名称、数量、材料和备注等。明细表中序号必须与图中所编写的序号一致，对于标准件，在代号一栏要注明标准号，并在名称一栏注出规格尺寸，标准件的材料无特殊要求时可不填写。

八、读装配图的目的

（1）了解机器的工作原理和结构特点；

（2）了解机器中零件间的装配关系；

（3）分析机器的作用及结构、形状。

九、读装配图的方法与步骤

在实际生产中，装配、安装、维修机器设备等都需要读装配图；在设计过程中，要以装配图为依据进行零件的设计；在进行技术交流时，也要通过装配图来了解其装配体的具体结构特点。因此，具有读装配图的能力是很重要的。

读装配图就是要从装配图中了解部件的性能、工作原理、零件间的装配关系以及各零件的主要结构形状和作用。

（一）概括了解

了解部件的用途、性能、规格和组成。浏览视图，结合明细栏了解各组成零件的概况及它们各自的位置。

（二）分析视图

读装配图首先明确采用了哪些表达方法；找到剖视图的剖切位置及投射方向；搞清各视图的表达重点；结合图中所标注的尺寸，想象出机器或部件主要零件的主要结构形状。

（三）分析工作原理和装配关系

此环节是读装配图的重要步骤。先从主视图着手，沿各条传动干线，按投影关系找到各个零件的轮廓，并确定它们的准确位置。分析清楚运动部件及其运动情况，如哪些是运动件、运动形式如何、运动是如何传递的。再对其他零件间的连接固定情况进行分析，找出其固定方式和连接关系等。对固定不动的零件，要弄清楚它们的固定与连接方式，继而分析清楚与其相关的零件在部件中的位置和作用等。

（四）分析尺寸

分析装配图上注出的尺寸，有助于进一步了解部件的规格、零件间的配合要求、外形大小以及安装情况等。

（五）想象零件形状

分析和想象各组成零件的结构形状，有助于分析零件间的装配关系、深入理解机器或部件的工作原理和性能。一般先从主要零件开始，然后再看其他零件。

（六）归纳总结

在完成上述分析的基础上，应认真思考，对下述问题进行一定的总结：

（1）机器的传动系统、润滑系统、密封系统；

（2）机器中各零件间的连接、固定、定位和调整；

（3）机器的装配关系、拆装方法和顺序；

（4）机器的工作原理、性能和使用特点；

（5）机器的外连接和安装方法。

【任务实施】

模块　齿轮泵装配图的画法

〖任务要求〗

看懂图 6-1-13 所示的齿轮泵分解立体图，画出齿轮泵的装配图。

〖任务准备〗

图纸、铅笔、橡皮、圆规、分规、外卡钳、内卡钳、游标卡尺、千分尺等。

〖任务操作〗

一、了解部件的装配关系和工作原理

看懂零件图，对照实物或装配示意图，仔细分析、了解零件的装配关系及工作原理。

图 6-1-13 所示为齿轮泵的分解立体图。齿轮泵主要是由泵体、传动齿轮轴、齿轮轴、左泵盖、右泵盖、密封部分、传动齿轮和一些标准件所组成的。在看懂零件结构形状的同时，还应了解零件的相互位置及连接关系。

若主动齿轮逆时针旋转，则从动齿轮被带动按顺时针旋转。在两个齿轮啮合处，由于轮齿瞬时脱离啮合，使泵室右腔压力下降产生局部真空，油池内的油便在大气压力作用下，从吸油口进入泵室右腔低压区，随着齿轮继续转动，由齿间将油带入泵室左腔，并使油产生压力经出油口排出。

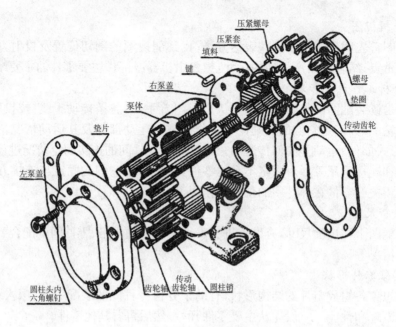

图 6-1-13 齿轮泵分解立体图

二、选择视图

（一）主视图的选择

装配图应以工作位置和清楚地反映主要装配关系的那个方向作为主视图，并尽可能反映其工作原理，因此主视图多采用剖视图。图 6-1-14 所示的齿轮泵的主视图就具有上述特点。

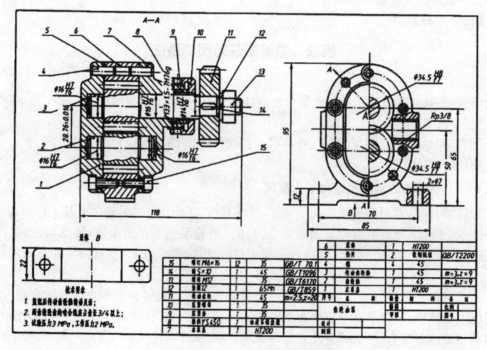

图 6-1-14 齿轮泵装配图

（二）其他视图、剖视图及剖面图的选择

其他视图、剖视图及剖面图，主要是补充主视图的不足，进一步表达装配关系和主要零件的结构形状。图 6-1-14 所示齿轮泵的左视图，进一步表达了泵盖、泵体的形状及螺钉、销钉的分布情况；在拆卸剖的半剖视图中，表达了泵室、齿轮啮合及吸油口的情况；B 向局部视图表明了泵体底板的形状。

三、画装配图的步骤

由零件图画装配图的步骤，见图 6-1-15。

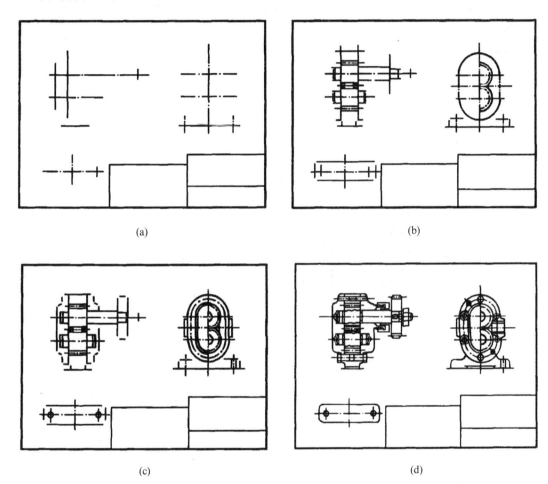

(a)　　　　　　　　　　　　　(b)

(c)　　　　　　　　　　　　　(d)

图 6-1-15　齿轮泵装配图的画法步骤

（1）根据已确定的装配体表达方案，选取绘图的比例和图纸幅面，安排各视图的位置。在安排视图时，要注意留出编注零件序号、标注尺寸以及填写标题栏、明细表和技术要求的位置。

（2）画图框，画出标题栏、明细表的位置；画各视图的主要轴线、中心线和图形定位基准线，见图 6-1-15(a)。

（3）由主视图入手配合其他视图，按照装配干线，从传动齿轮轴开始，由里向外逐个画出齿轮轴、泵体、垫片、泵盖、密封圈、轴套、压紧螺母、键和传动齿轮等；或从主体件泵体开始由外向里逐个画出传动齿轮轴、齿轮轴等,完成装配图的底稿,见图 6-1-15(b)～(d)。

（4）校核底稿、擦去多余图线,进行图线加深,画剖面线、尺寸界线、尺寸线和箭头。

（5）编注零件序号,注写尺寸数字,填写标题栏、明细栏和技术要求,最后完成装配图,见图 6-1-14。

【任务评价】

画装配图之前,首先要了解装配体的工作原理和零件的种类,以及每个零件在装配体中的功能和零件之间的装配关系等。部件的主视图通常按工作位置给出,并选择能反映部件装配关系、工作原理和主要零件结构特点的方向作为主视图的投影方向。画图一般从主视图画起,几个视图配合进行。

【任务拓展】

在设计和绘制装配图的过程中,应该考虑到装配结构的合理性,以保证机器和部件的性能,并给零件的加工和拆装带来方便。

一、轴与孔配合结构

要保证轴肩与孔的端面接触良好,应将孔的接触面制成倒角或在轴肩根部切槽,见图 6-1-16。

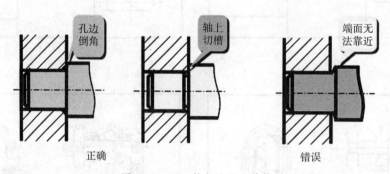

图 6-1-16　轴与孔配合结构

二、接触面数量

当两个零件接触时,在同一方向的接触面上,应当只有一个接触面,这样既可以满足装配要求,制造也比较方便,见图 6-1-17。

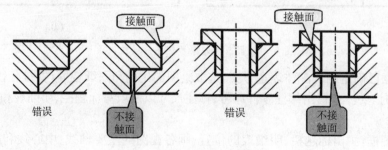

图 6-1-17　接触面数量

三、销配合处结构

为了保证两零件在装拆前后不致降低装配精度,通常用圆柱销或圆锥销将零件定位。

为了加工和装拆的方便,在可能的条件下,最好将销孔做成通孔,见图 6-1-18。

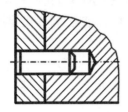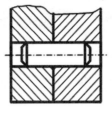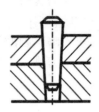

图 6-1-18　销配合处结构

四、紧固件装配结构

为了使螺栓、螺母、螺钉、垫圈等紧固件与被连接表面接触良好,在被连接件的表面应加工成凸台或鱼眼坑等结构,见图 6-1-19。

(a) 凹坑　　　　　　　　(b) 凸台　　　　　　　　(c) 沉孔

图 6-1-19　紧固件装配结构

【课后练习】

1. 表达一部机器(或部件)的图样,称为_____,它应能表达清楚各组成部分间的_____。
   A. 三视图/技术要求　　　　　　　　B. 机器图/结构形式
   C. 装配图/连接方式、相互位置、装配关系　　D. 机械图/形状大小

2. 在装配图的标题栏中,不包括_____。
   A. 零(部)件名称　　B. 材料　　　　C. 图号　　　　D. 比例

3. 装配图中序号的指引线用_____绘制,指引线相互_____相交。
   A. 细实线/尽量不要　　　　　　　　B. 细实线/不能
   C. 细点画线/尽量不要　　　　　　　D. 细点画线/不能

4. 装配图中必要的尺寸不包括_____。
   A. 规格尺寸　　　B. 标准尺寸　　　C. 配合尺寸　　　D. 外形尺寸

5. 在装配图中,规定按不剖绘制的是_____。
   A. 通过轴线剖切的实心轴　　　　　B. 垂直其轴线剖切的销
   C. 横向剖切的键　　　　　　　　　D. 通过轴线剖切的滑动轴承

6. 属于装配图特殊表达方式的有_____。
   Ⅰ.拆卸画法;Ⅱ.假想表示;Ⅲ.夸大画法;Ⅳ.简化画法;Ⅴ.虚拟画法
   A. Ⅰ＋Ⅱ＋Ⅲ　　　　　　　　　　B. Ⅰ＋Ⅲ＋Ⅳ
   C. Ⅰ＋Ⅱ＋Ⅲ＋Ⅳ　　　　　　　　D. Ⅰ＋Ⅱ＋Ⅲ＋Ⅳ＋Ⅴ

7. 以下属于看装配图的主要目的之一的是_____。

    A. 了解部件中各零件的装配关系   B. 掌握全部零件的结构形状

    C. 了解零件的材料   D. 了解标准零、部件的情况

8. 装配图中,可省略不画的是_____。

    Ⅰ.圆角;Ⅱ.退刀槽;Ⅲ.滚动轴承

    A. Ⅰ＋Ⅱ   B. Ⅰ＋Ⅲ   C. Ⅱ＋Ⅲ   D. Ⅰ＋Ⅱ＋Ⅲ

参考文献

［1］钱可强. 机械制图［M］. 3 版. 北京：高等教育出版社，2011.

［2］周鹏翔，何文平. 工程制图［M］. 3 版. 北京：高等教育出版社，2008.

［3］武汉理工大学等六院校《工程制图基础》编写组. 工程制图基础［M］. 2 版. 北京：高等教育出版社，2008.

［4］同济大学、上海交通大学等院校《机械制图》编写组. 机械制图［M］. 4 版. 北京：高等教育出版社，1997.